有機野菜の育て方100選

高堂敏治

まえがき

野菜作りは誰にでもできますが、「美味しくて安全な野菜」を栽培するには、やはり土壌と野菜への心遣いがないとできません。心遣いといっても分かりにくいので、もう少し具体的にいいますと、土壌と野菜に触れあう栽培センス（技術的感性）と、自分の手でじかに育てたいという情熱のことです。それなくして「美味しくて安全な野菜」の栽培といっても、なかなか難しいのではないでしょうか。

菜園の野菜がすくすくと育っていくには、どんな気候や土壌の条件がいいのだろうか。「美味しくて安全な野菜」はどうすれば栽培できるのだろうか。それをテーマにして試行錯誤をくりかえしてきた野菜作り三十数年。兵庫県伊丹市のちいさな菜園で続けてきた、そんな私の栽培体験を基にして有機栽培の実践篇を作りました。

この実践篇は化成肥料と化学薬品（農薬）をいっさい使わないことにこだわった、あくまでも高堂流の有機栽培マニュアルです。地域の気候風土によって栽培ポイントに差異がでるのは当然ですから、皆さまにはその微妙な差異を修正工夫していただき、本書が「美味しくて安全な野菜作り」の一助になれば有り難く思います。

1.「しっとり感」のある土壌を育てる

野菜を育てる前に、まず土壌を育てることが有機栽培のポイント。土壌中には億単位の微生物が棲んでいるといわれています。その微生物が有機物を分解しながら土壌のバランスがとれている、それが基本的なイメージ。土壌微生物が棲みやすい状態を整えるには、微生物を殺してしまう農薬はもちろん、化成肥料も使わないで土壌を育てること。つまり、動植物の堆肥など有機肥料で土壌を育てることです。感触的にいえば、野菜にとって最適の土壌とは、水持ち、肥持ちのいい「しっとり感」のある土壌のことです。

2. 無理、無駄のない有機栽培

本書は、自然体で野菜を作りたいという想いから、多少手間暇はかかりますが、できるだけ自然環境に負荷をかけない「無理、無駄のない有機栽培（菜園）」のマニュアルになっています。この自然環境に負荷をかけないことのひとつは、生ゴミの堆肥化ですが、極端な自給自足の菜園ライフを考えているわけではありません。生ゴミからの自家製の堆肥だけでは肥料不足になりますから、農協などから有機肥料を購入する必要もあります。たいせつなのは、常に土壌に無理な負担をかけない、という心遣いなのでしょう。

3. 無農薬栽培にこだわってほしい理由

農業科学を軽視しているわけではありませんが、家庭菜園でお勧めしたいのは、やはり無農薬栽培。というのは、大手市場に出回る野菜（専業農家の栽培）は、時々残留農薬の抽出検査をしますが、家庭菜園の野菜を検査機関にだしているという例を耳にしたことがありません。そうであれば農薬を散布している家庭菜園のほうが、むしろ危険な状態かもしれません。そこで、農薬を使わないとたしかに手間暇はかかりますが、なんとか成功してきた私の基本対策を紹介させていただきました。

4. 野菜作りには、日々いろんな発見と感動がある

野菜の芽がでて花が咲き、実が成ると嬉しくなり、病虫害や風水害で被害を受けると、菜園家の気持ちも落ち込むのは当然。野菜の栽培も子育てとよく似ていて、ハウス栽培のように無菌状態にすると、その過保護がかえって耐菌性をなくすることがあります。といっても自然に放任すればあっという間に病虫害にやられてしまうのも現実。しかし、丁寧に野菜を観察していると、きっといろんな発見と栽培のアイデアが浮かび、その対策や実験がうまくいったときは感動ものです。

菜園風景

vegetable garden

春夏秋冬、菜園はいろんな緑の装いを見せてくれる。春には若芽の緑、初夏には新緑に気持ちも踊る。降りしきる梅雨ならば、鮮やかに濡れた緑、激しい陽光が降りそそぐ真夏には、濃い緑に命あるものを実感する。秋が来て、冬に向かう晩秋にも、冬の寒さに耐えていく緑がある。

夏の果菜トマト

里芋の葉が茂る

作業衣の著者

赤紫蘇

山芋・冬瓜・カボチャ

泉州水ナス

菜園風景

vegetable garden

菜園の日々つれづれ

ただいま
作業中!

こんなにトマトが!

トウモロコシ

ジャガイモの花

高く伸びるカボチャのツル

菜園の耕耘機

organic!

冬の菜園会

たわわに実るトマト

肥料倉庫兼
雨水貯水

山芋

夏野菜の収穫

夏の菜園

＼大収穫～!!／

◀ニラの種の採取

キュウリ

キュウリの支柱とネット

秋のネット風景

冬瓜と著者

点蒔き畝

菜園の支柱3ショット!

もくじ

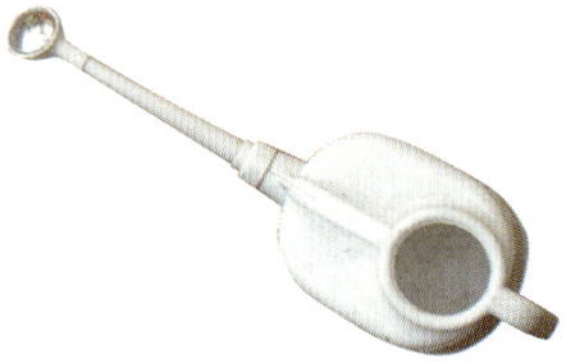

＊ご紹介している露地栽培は、ハウス栽培とちがって、地域の気候条件により、栽培ポイントが少し異なります。本書は関西地域での実験栽培に基づいて作成していますから、それぞれの地域の特性に合わせて、応用していただければ有り難く思います。ちなみに、**種蒔きの適温は、昼夜の平均気温15℃以上**が目安となります。

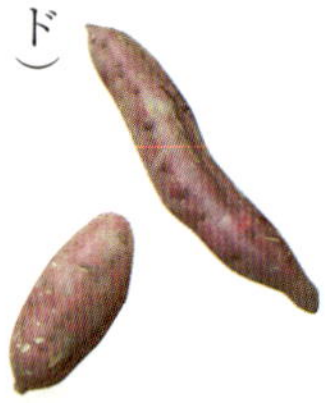

・球根の夏眠　・摘芯
・敷ワラ・敷草　・土寄せ作業
・ツルぼけ　・根切り
・ツルもの野菜の誘引

第一章

果菜《かさい》

Kasai

Fruits and vegetables

ナス科

トマト

トマトのホンモノの味はこれだ

（大玉完熟系）

夏の強い陽差しの中で育つトマトは、ビタミンC、カロテンなど栄養素をたっぷり含んだ夏の代表的な果菜です。

露地ものには最高の味がありますが、有機栽培のなかでも難しいのが大玉トマトの栽培です。

とくに完熟系の大玉トマトは、連作障害、肥料バランスによりますが、生理障害、アブラムシによるウィルス病などに侵されやすく、家庭菜園では敬遠されがちですが、栽培ポイントに注意すれば値打ちのある収穫ができます。

基本データ

原産地：アンデス山脈

難易度

お手軽　育て易い　**やや難**

スケジュール

月	作業
1月	
2月	
3月	
4月	
5月	植付け
6月	
7月	収穫
8月	収穫
9月	
10月	
11月	
12月	

〈 育苗の基本と栽培のポイント 〉

有機石灰をたっぷり施肥、尻腐れ病はカルシウム不足。
１段で３～４ヶ実らせる。残りの実は摘果が必要。

花の咲きかけた苗を植え付け

1. スタート

種蒔きは２月になるので、家庭菜園では**購入苗**から始めるといいでしょう。

2. 植え付け

苗の選定はすでに**花の咲きかけた苗**を購入する。花のない苗は窒素系養分が茎に集中し、生理障害を起こしやすい。

3. 根切り

畝作りの段階では肥料を施さず、たっぷりと**カキ殻石灰**のみを施す。残留肥料によって茎が太くなりはじめたときは、畝の脇をスコップで根切りをする。

4. 施肥のタイミング

第１段目の実が成ってから段階で畝の脇を掘り、**完熟鶏フンと油カスを施肥**する。大玉完熟系はゴルフボール大の頃が施肥のタイミング。

施肥のタイミング

１番成りの花

5. 大玉トマトは１本立ち

脇芽を早めに摘みとり**茎は１本立ち**にする。脇芽を摘むのを忘れると、枝が茂り実どまりが悪くなる。

6. 予備の苗準備

大きくなった脇芽を挿し木栽培することも可能。

7. 大玉トマトは水が嫌い

雨などの水分過剰と陽差しのバランス関係で、皮が割れることもあり、灌水をできるだけ控え、**陽差しが強い時期には遮光ネットを掛ける。**

8. ヒモはゆるく留める

実の重さで茎がさけることがあり、**１段ごとに麻ヒモ**で支柱に留める。

9. 美味しいトマトを作るため

大玉は**１段目に２～３ヶ**を残し摘果しないと全体が未熟果になるため、残りは早めにハサミで落とす。**２段目からは３～４ヶ**残し摘果する。

10. 摘芯も必要

中心枝は上へどんどん伸びるため、**５段目の頃に手の届く範囲で芯を止める。**

色づいたらカラスよけネット

病虫害対策

- ナス科特有の連作障害を起こしやすいので、**３年は同じ場所で栽培しない**こと。
- 大玉トマトは**接ぎ苗で栽培**するとかなり安全。
- 窒素系肥料を抑え、**カキ殻石灰などカルシウム系をたっぷり施肥すること**で、茎に茶色の筋がはいる筋枯れ病や、実の尻腐れ病を防ぐ。
- いったん病気になると、実が成っても不味いトマトになるので、早めに抜いてオクラ（アオイ科）など別科の野菜を植え付ける。
- **アブラムシが付きやすく**、予防のために時々竹酢液や唐辛子エキスを散布する。
- **大玉は野鳥の被害が多く**、完熟を待たずに防鳥ネット（防虫ネットも可）を掛ける。

ナス科

ミニトマト

彩りの鮮やかさがいちばん！

ミニトマトといえば弁当の定番ですが、大玉完熟系トマトに比べると、原種に近いためか栽培はきわめて簡単。そのため小学校の理科教材としてもよく扱われ、マンションでのプランター栽培も盛んです。

大玉完熟系トマトのように連作障害に対して過度に神経質になる必要はありませんが、トマトが水に弱いという弱点に注意し最低限の灌水に留めれば栽培は大丈夫。

近年甘味や酸味のバランスを変えたいろんな品種ができています。

基本データ

原産地：アンデス山脈

難易度

お手軽　育て易い　やや難

スケジュール

月	植付け	収穫
1月		
2月		
3月		
4月		
5月	植付け	
6月		
7月		収穫
8月		収穫
9月		
10月		
11月		
12月		

〈育苗の基本と栽培のポイント〉

ミニトマトは多産系。しっかりとした支柱を準備しないと、実の重さで倒れたり、茎が裂ける。

苗の植え付け

1. 手間いらずの野性型

野性味が強いため、大玉完熟系トマトほどデリケートではないので、あまり気をつかう必要はありません。

2. 葉が黄色でなければOK

高価な接ぎ苗でなくとも、じゅうぶん収穫が見こめる。

3. 水分を抑えると甘くなる

根からの水分の吸収をできるだけ抑えるために、植え付け前に**畝にマルチを張る**のもひとつの方法。

4. 施肥をガマンする

大玉完熟系トマトと同様に、最初の開花後、**実がなり始めるまで石灰以外の肥料を施さないこと**。

5. 鶏フンは即効性あり

実がなり始めてから鶏フンと油カス少々を、畝の脇を掘り起こして施肥しましょう。

6. 実の重さに注意

脇芽の芽カキは下部のほうだけでよい。脇芽から伸びた脇枝にたくさんの実がつき、**１本で１００ヶ以上の収穫**も期待できる。

7. 手の届く範囲で芯止め

手の届く範囲、１７０センチ程で芯を止めると、収穫もしやすく美味しいミニトマトができる。

8. 遮光ネットの利用

陽差しが強くなる時期の雨後には実の皮が割れ、そこから雨水が入り腐ることがあります。強い陽差しを防ぐために**遮光ネットを掛ける**のもひとつの対策です。

ヨーロッパの多産系

中玉に近いトマト

ポピュラーなミニトマト

完熟ミニトマトの収穫

病虫害対策

- 大型完熟系のトマトに比較すると、連作障害にはやや強いものの、翌年の作付けはできるだけ場所を変えるほうがいいでしょう。

ナス科

茄子

（なす）

いろんな料理が幅広く楽しめる

夏の三野菜といえば、トマト、キュウリ、ナス。

なかでもナスは漬けてよし、焼いてよし、煮てよし、揚げてよし、生でよしの多才なマルチ果菜です。

品種も長ナス系、小ナス系、水ナス系、丸ナス系など、地域によっていろいろ栽培されています。

家庭菜園では、種蒔きから始めるのは難しいため、5月の連休前後に購入苗を植え付けるほうが無難です。

できれば連作障害と害虫対策を兼ねて、しっかりした接ぎ苗をお勧めします。

基本データ

原産地：インド

難易度

お手軽　育て易い　やや難

スケジュール

月	植付け	収穫
1月		
2月		
3月		
4月		
5月	植付け（5月の連休前後）	
6月		
7月		収穫
8月		収穫
9月		収穫
10月		早めに剪定し、追肥すると長く収穫
11月		
12月		

〈 育苗の基本と栽培のポイント 〉

連作障害が起きやすいのはナス。
実が成ってから枯れはじめるのはつらい。

ナスの植え付け

1. 土を深くほり起こす

ナスの**根**はトマトと違って**深く伸びる**ため、畝を深耕する。

2. 肥料喰いはナス

多産の肥料喰いの野菜。畝の中ほどから下部にたっぷり有機基本肥料を施しておくのがポイント。

3. 夏には夕方の水遣り

高温、多湿を好む。植え付けの後は敷き藁（枯れススキも可）をして、土が乾燥しない程度に灌水を続ける。

4. 黒マルチも効果的

敷藁は、土の跳ね返りによるウイルスの病気を抑える。黒マルチも有効。

5. 風通しのいい状態

下葉と下部の脇芽を早めに摘み取ると、風通しもよくなり病虫害対策にもなる。

6. 3～4本立てにする

主枝に育てるのは3～4本のつもりで下部の脇芽を摘み取る。

7. 初成りは早めに

初成りのナスは、**枝の成長を優先**して早めに取り除きましょう。

8. 支柱を増やす

実の重さで枝が裂けるため、**順次細めの支柱**を増やして枝を支える。

9. 剪定を忘れないで

１本の枝で３コ目の収穫で**剪定**すると、脇芽が新しい枝になり収穫量も増える。

連作障害による青枯れ病発生

10. 変形果が目安

一般的に８月上旬が**全面的な更新剪定**の目安ですが、変形が出来たときや草勢がなくなってきた頃が更新剪定の時期。

11. 秋ナスを楽しむ

枝５０センチ程で思い切って全面剪定をする。畝の両脇をスコップで掘り、有機基本肥料を追肥すると、美味しい秋ナスを楽しむことができる。

遅くまで収穫できる特長ナス

支柱を増やす

病虫害対策

- 植え付け時から２週間に１回を目安に、１００～２００倍稀釈の唐辛子エキスや竹酢液を葉の裏を優先的に噴霧する。
- 連作障害から起きる**青枯れ病**がいちばんの大敵。枝が５０センチも伸びたところで枯れてしまう恐ろしい病気。いろいろ手だてをしても回復見込みは少なく抜き取るしかありません。対策としては、最低３年は同じ場所でナス科の野菜を栽培しないこと。あるいは排水状態のいい畝を準備し、**接ぎ苗栽培**で連作障害を回避すること。
- アブラムシなどの害虫被害に対しては、早くから自然農薬（竹酢液や唐辛子エキス）を散布して対処すると大丈夫。窒素系肥料が多すぎるとアブラムシが付きやすい。

ナス科

水ナス

皮は薄く、果物のような味

（泉州水茄子）

ナスには地方品種を含め多くの種類があり、なかでも薄皮系ナスを水ナスと呼んでいます。

特長は表皮が薄いだけでなく、アクが少なく名前の通り水分を多く含んでいること。古くから関西で有名な泉州水茄子は、果物のような甘味があり浅漬けにピッタリ。高級品としてにぎり寿司のネタとしても好評です。

全国的に流通しなかったのは、皮が薄く輸送中にキズがつき傷みやすいためです。

よく育った土壌で温暖地域ならば全国どこでも栽培できます。

基本データ

原産地：インド東部

難易度

お手軽　育て易い　やや難

スケジュール

月	植付け	収穫
1月		
2月		
3月		
4月	●	
5月	●	
6月		●
7月		●
8月		●
9月		
10月		
11月		
12月		

〈 育苗の基本と栽培のポイント 〉

表皮が柔らかく薄いため傷つきやすい。
混みあった枝は早めに剪定する。

1. 優良苗の購入

種蒔きは育苗ハウスで温度調節する必要があり、家庭菜園では苗を購入するほうがいいでしょう。

2. 植え付け

風で茎が折れないように、植え付け時から支柱を立てる。

苗の植え付け

3.「しっとり感」がたいせつ

乾燥を嫌う野菜ですから、早めに敷藁などで**土壌の「しっとり感」**を保っておきましょう。

4. 土壌菌に注意

土に近い場所の葉や脇芽は、**風通しをよくするため早めに掻き取る**。土壌菌対策にもなる。

茄子の脇芽

5. 薄紫の花

花が咲くと、ほぼ確実に実がなります。一番成りを早めに摘果すると、養分が二番成り以降へ回り苗も速く育つ。

水茄子の花

1番成りはスグに収穫

6. 手入れ次第で多産

ナス栽培のポイントは支柱と剪定。（実がたくさん成り、重さで枝が裂ける。剪定をして脇芽から新しい枝伸ばすと、そこに花が咲く）

7. 枝を外へ伸ばす

実に陽差しが当たるように、**外側へ新しい枝を伸ばすのが剪定のポイント**。

8. 剪定の目安

剪定の目安は実を**3ヶ程収穫した時点で剪定**する。

9. 追肥のタイミング

草勢に衰えが見られるときは、すぐに**畝の側部を掘り起こし、鶏フンを追肥**する。

10. 秋ナスは無理かな？

泉州水茄子は種が早く成るため、秋ナスはあまり期待できません。

病虫害対策

- アブラムシがつくと、急激に草勢が衰えますから、葉の裏を重点的に竹酢液や唐辛子エキスを噴霧しましょう。
- 土壌菌が葉に付かないように、敷藁や下葉の掻き採りがたいせつです。

ナス科

丸茄子

代表的なものは賀茂茄子と米茄子

（賀茂茄子）

丸茄子は形の大きなものから小茄子まで日本各地地にいろいろ種類があります。その代表格は、ヘタが紫のボール型は賀茂茄子とうりざね型でヘタが緑は米茄子です。

賀茂茄子は京都の上賀茂地区が発祥といわれる伝統野菜。特徴は肉質が緻密で型崩れしにくく、表皮が薄いことです。

炒める、蒸す、焼く料理にピッタリで、とくに田楽料理が好まれています。

基本データ

原産地：インド

難易度

お手軽　育て易い　やや難

スケジュール

1月		
2月		
3月		
4月	植付け	
5月		収穫
6月	連休前後	
7月		
8月		
9月		
10月		早めに剪定し、追肥すると長く収穫
11月		
12月		

〈 育苗の基本と栽培のポイント 〉

**ヘタが紫色が加茂ナス、緑色が米ナス
どちらも肥沃な土壌を好む。**

苗の植え付け

1. 茎が太い苗

購入苗は茎が太く、下葉が黄変していないものを選ぶ。

2. 畝の準備に注意

連作障害を避けるため、前年にナス科の作物（トマト、ピーマン、ジャガイモなどのナス科）を栽培していない場所に畝を準備する。

3. ナスは肥料喰い

ナスは肥料喰いですから、元肥には有機基本肥料をたっぷり施すこと。

4. 鮮やかな紫は元気の証拠

花が咲けば、ほとんど着果が確実。花の紫色が鮮やかなときは、苗が元気と判断してもいいでしょう。

茄子の花は下向きに咲く

5. 皮表を傷付けないように

表皮が薄く傷つきやすいため、枝が重ならないように脇芽を丁寧に取るのが大事。

6. 下葉の掻き取り

風通しをよくしておくと病気にも罹りにくいので、黄変した下葉をできるだけ早く掻き取りましょう。

7. 昔から敷藁をしてきた

下葉を掻き取ったあと、藁などを敷いておくと、表面の乾燥を防ぐだけでなく、土の跳ね返りも防いでくれる。

加茂ナス（右）と米ナス（左）の比較

病虫害対策

- 果実の表皮が、割れて茶色のサメ肌現象になっているときは、肉眼では見えないホコリダニの被害にあっています。高温多湿の気候時によく発生するため、普段から周囲の雑草を刈り取り、土に触れている下葉もかきとって風通しのよい状態にしておくと被害にあいにくい。

- 茄子は全般的に連作障害がおきやすい。成育の途中から葉が萎れるのは連作障害とみてまちがいありません。根腐れを起こしていますから回復ほとんど不能。

ナス科

ピーマン

枝が裂けるほどの多産系

コロンブスが中南米原からヨーロッパへ持ち帰った唐辛子を、品種改良したのが甘味種のピーマンです。

ピーマンがアメリカから日本に輸入されたのは明治期であるといわれます。

その独特の青臭い風味と苦味を子どもたちの多くは好みませんが、成長するにつれそのクセのある味をかえって好きになる人も多く存在します。

ビタミン豊富なので、夏バテ防止に効果のある果菜のひとつとなっています。

基本データ

原産地：熱帯アメリカ

難易度

お手軽　育て易い　やや難

スケジュール

1月		
2月		
3月		
4月	植付け	
5月		収穫
6月		
7月		
8月		
9月		
10月		
11月		
12月		

〈育苗の基本と栽培のポイント〉

ピーマンも多産系。
重さで枝が裂けるため、必ず補助支柱が必要。

苗の植え付け

1. 専業家はハウスで育てる

発芽から育苗に時間がかかるため購入苗から始めるほうがいいでしょう。（専業家は冬季から温室ハウスで育てている）

2. 植え付け

鶏フンを中心にして有機基本肥料をたっぷり施した畝に苗を植え付ける。

3. 草丈が伸びなければ連作障害

ピーマンはナス科ですからナス科の連作障害にご注意。
（草丈が伸びず草勢もないときは連作障害と考えてまちがいありません）

4. 被害は軽い

ただし、連作障害でも少量の収穫があり、ナスやトマトのように枯れてしまうことも少ないので抜き取る必要もないでしょう。

ピーマンの花

5. 枝が裂ける前に収穫

花が咲くとほとんどが着果しますから、大きくなったものからどんどん収穫。

6. 補強の支柱

収穫期になると一度に多くの実がなるため、その重みで枝が裂けます。それを防ぐため早めに、支柱の補強を忘れないこと。

どんどん成り始める

パプリカとピーマン

病虫害対策

- ナス科特有の連作障害を起こすことがあり、作付け記録を参考にして、翌年には植え付けの場所を変える。

ナス科

パプリカ

大型肉厚系のピーマン、赤から白まで七色

パプリカもピーマンも先祖をたどれば甘味系の唐辛子です。

パプリカはピーマンをさらに品種改良した大型完熟系のカラーピーマンのことです。

七色以上の色があり、料理も彩り鮮やかで食卓をいちだんと楽しくしてくれます。ピーマンと比較すると品種改良でクセも少なくなり、ビタミンC、カロテンがたいへん豊富な果菜です。

多産系で枝が裂けるほど多くの実がなるのが魅力です。

基本データ

原産地：熱帯アメリカ

難易度

お手軽　育て易い　やや難

スケジュール

月	植付け	収穫
1月		
2月		
3月		
4月		
5月	植付け	
6月		収穫
7月		収穫
8月		収穫
9月		収穫
10月		収穫
11月		
12月		

〈 育苗の基本と栽培のポイント 〉

果実の色を確認してから苗を購入。パプリカの大きさはピーマンの４倍。枝が裂けないよう補助支柱は絶対必要。

1. スタート

発芽は冬季に農業用電熱線で温度を上げないと無理なので、家庭菜園では購入苗の植え付けから始めるほうがいいでしょう。

2. 苗の選定

購入苗の選定にはできるだけ茎の太いもので、草丈も大きなものを選ぶ。

苗の植え付け

3. 気温に注意

気温が低い時は根つきも悪いので、低温時の植え付けはビニールトンネルを掛けるほうが無難。

4. ３本立て

枝が伸び始めたら、ナスと同じように下部の葉と脇芽をかきとり、枝を３本仕立てにする。

5. 葉も大きい

葉の大きさや形はピーマンと同じですが、**パプリカの葉は大きく枝も太い**ので見分けができる。

6. 乾燥を防ぐ

梅雨明けからは、乾燥を防ぐために敷き藁などをする。（藁がなければ、乾燥させた草の葉でもいい）

パプリカの白い花

まだ緑のパプリカも美味しい

7. 白い花が咲く頃

開花が始まったところで、実の重さに耐えるように、草丈を考えて合掌組の支柱に替えていく。

8. 重さ対策

あまりにも多く実りはじめたときは、色づくのを待たずに、緑のままの実を間引きし、支柱を増やして**枝が裂けるのを防ぐ対策をする**。

9. 料理も工夫

間引きの緑のパプリカは**肉厚ピーマン**と考えて料理に利用しましょう。

10. 園芸ハサミで切る

実はしっかり枝に付いているので、手でもぎ取ると枝を傷めますから、収穫は必ずハサミを用いる。

11. 追肥も必要

本格的に実が成り始めた頃から月１回程度は軽く鶏フンや油カスを追肥する。

彩りのいい赤と黄色のパプリカ

病虫害対策

- **初期の段階**で葉が喰われていたら、まずヨトウムシと考えられるので、米ぬかトラップを仕掛け、唐辛子エキスを噴霧する。
- ピーマンもナス科の野菜ですから、連作障害に注意する。

ナス科

唐辛子

（とうがらし）

赤くピリッと辛い、それが元祖の証です

香辛料の代表選手は、なんといっても唐辛子です。

ビタミンも豊富で、発汗作用をうながすカプサイシンは、暑さ寒さを跳ね返してくれます。

日本に渡来した経路によって、中国経由を唐辛子（鷹の爪）、朝鮮半島経由を高麗胡椒、琉球経由を島辛子、南蛮船（ポルトガル）経由をナンバンなど、呼び名や形状が異なっています。

古くから香辛料だけでなく、防腐剤、防虫剤、殺菌剤としても広く利用されています。

基本データ

原産地：熱帯アメリカ

難易度

お手軽　育て易い　やや難

スケジュール

月	植付け	収穫
1月		
2月		
3月		
4月		
5月	植付け	
6月		
7月		収穫
8月		収穫
9月		収穫
10月		収穫
11月		
12月		

〈 育苗の基本と栽培のポイント 〉

**太陽光で変色するため、
赤く完熟したものから順次収穫する。**

植え付け後敷藁

1. 購入苗からスタート

種蒔きは２月であるが、家庭菜園ではたくさん収穫する必要がなければ、**5月に苗を購入**したほうがいいでしょう。

2. 排水に注意

加湿土壌にはかなり弱いため、排水のいい畝で栽培する。

3. 長期収穫

収穫期間が長く、畝には有機基本肥料をたっぷり施す。
鶏フンと牛フン。

4. 植え付け時に支柱

ピーマンと同じナス科系なので、１株に実のなる量が多く、**枝も重さで裂けやすいので、支柱は植え付け時**から立てておく。

上を向いた鷹の爪

頭を垂れる高麗胡椒

5. 枝を傷つけないように

実が多く成り始めたら、支柱を増やし、麻ヒモなどで支柱に留める。

6. 適温は 25 度以上

生育適温は２５度以上ですが、いったん成長が始まると晩秋まで収穫できる。

繁ると１メートルを超える

収穫と保存

- 根から引き抜いて、軒下などで乾燥させる方法もあるが、この場合は完熟のものが落下することがある。
- **赤く完熟したものから収穫**し、ネットに入れて乾燥させると、早くから漬物や防虫剤、殺菌剤として利用できる。
- 辛味成分のカプサイシンは、種のついている部分にあるので、生の外皮は辛くないが、乾燥するにしたがい全体が辛くなる。
- 防虫剤、防菌剤としての**唐辛子エキス**を早く作るには、乾燥した唐辛子を使うといいでしょう。

ナス科

万願寺トウガラシ

ピーマンと伏見甘長の交配品種です

京都の在来品種である伏見甘長（甘味種）と、ピーマン系のカルフォルニア・ワンダーとの交配品種です。

京都の万願寺地区で本格的に栽培されたので、「万願寺トウガラシ」の名がついたブランド京野菜です。

ピーマン系のため実が大きく肉厚であることや、柔らかく甘味があること、種が少なく食べやすいことから「トウガラシの王様」とも呼ばれています。

基本データ

原産地：京都舞鶴

難易度

お手軽　育て易い　やや難

スケジュール

月	植付け	収穫
1月		
2月		
3月		
4月	●	
5月	●	
6月		
7月		●
8月		●
9月		●
10月		●
11月		
12月		

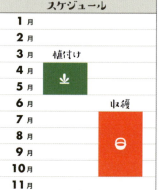

〈 育苗の基本と栽培のポイント 〉

**万願寺トウガラシなど収穫期間の長いものは、
1ヶ月ごとに軽く鶏フンを追肥する。**

苗の植え付け

1. スタート

植え付けの２週間以上前に、鶏フンを中心とした有機基本肥料を施して畝の準備をする。

2. ナス科のあとには植えない

ナス科の連作障害もありますから、植え付ける畝に、前年、前々年にジャガイモをはじめとしたトマトなどナス科の野菜を植えていないことを確認する。

万願寺トウガラシの花

3. 植え付け要領

乾燥した日に植え付けるときは、植え付け穴に水をたっぷり注ぎ、水が引いたところで、ポリ鉢から植え付ける。

4. 夏野菜には敷藁

苗の植え付け後、早めに敷藁をすると夏の猛暑対策にもなる。

5. 麻ヒモで軽く結ぶ

ひとつひとつの**実が重い**ため、**実がなり始めた頃補強の支柱**を立て、麻ヒモで枝を支柱に留める。

6. 大きくなったものから順次収穫

うれしいほど実がたくさん成り、**支柱に留めないと枝が裂ける**ことがよくあります。

万願寺トウガラシとピーマンの比較

万願寺トウガラシの収穫

病虫害対策

- ナス科の特長として、連作障害が起こりやすいため、作付けには注意。
- 草丈が伸びず草勢に勢いがない場合、連作障害を起こしていると考えてまちがいありません。

ナス科

シシトウ

先端の形が獅子頭に似ているのが名前の由来？

基本データ

原産地：熱帯アメリカ

難易度

お手軽　育て易い　やや難

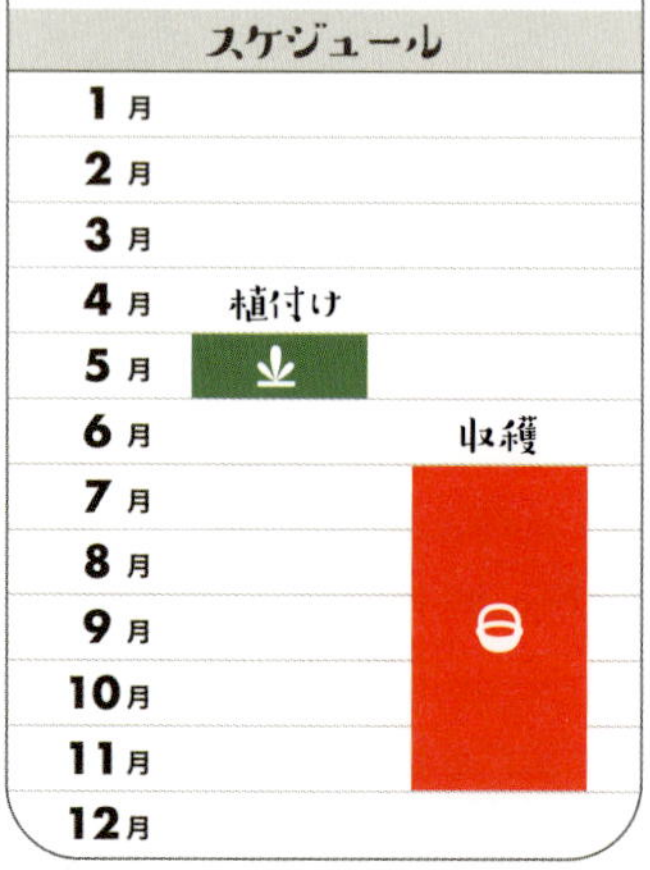

唐辛子の甘味系のひとつがシシトウ。シシトウのルーツは唐辛子ですが、江戸時代に甘味系が発見され、その種が現在に至っているといわれています。

シシトウの塩焼きや天ぷらに、時々辛いものがあるのは、交配の過程で先祖返りした種で栽培したものです。

信頼できる品種を選ぶことがたいせつですが、家庭菜園では種から栽培するのは難しいので、5月頃から、苗専門店で購入し植え付けるのがいいでしょう。

〈育苗の基本と栽培のポイント〉

**日本の土壌に合っているらしく、
失敗した例をあまり聞いた事がない。**

苗の植え付け

1. スタート

排水のいい場所に、有機基本肥料を施した高さ２５センチ程度の畝を準備する。

2. 施肥

収穫期間が長いため、牛フン、鶏フンはやや多めに施肥したほうがいいでしょう。(**9月頃に畝の脇を掘り返し、鶏フン、油カスを追肥する**と、晩秋まで美味しいシシトウを収穫できる)

3. 株間隔をあける

草丈は唐辛子と同程度ですが、株間隔３０～４０センチ程度で植え付ける。

4. 秋も収穫

植え付け後、気温が低いと苗があまり伸びませんが、**気温２５度ほどになればぐんぐん成長**しますから心配はいりません。(**秋になれば、たとえ気温が低くても成長**する)

5. 補強の支柱

草丈が伸びて白い花が咲き始める頃、**補強の支柱**をかならず立て、収穫期に備える。

6. 麻ヒモで支柱留め

花が咲けば、ほとんど実が成ります。大量の**実の重さで枝が裂ける**ため、支柱留めを忘れないように。

7. 11 月まで収穫

大きく実ったものから順次収穫していくと、枝が裂けることも少なくなる。

シシトウの白い花

枝が裂けるほど実る

病虫害対策

- 軽い連作障害が起きるときがある。

ナス科

伏見甘長

辛くない甘味トウガラシの代表

「伏見甘トウガラシ」とも呼んでいる、辛くない唐辛子の品種です。江戸時代から京都伏見で栽培されてきた伝統野菜で、現在では日本各地で栽培されている夏の果菜のひとつです。

甘味唐辛子では、シシトウや万願寺トウガラシも有名ですが、伏見甘長の先端はシシトウと違ってすらりと尖っています。

また、万願寺トウガラシは伏見甘長とピーマンの交配品種ですから、大きさも伏見甘長の４倍の大きさになります。

基本データ

原産地：熱帯アメリカ

難易度

お手軽　育て易い　やや難

スケジュール

月	作業
1月	
2月	
3月	
4月	植付け
5月	植付け
6月	
7月	収穫
8月	収穫
9月	収穫
10月	収穫
11月	
12月	

〈 育苗の基本と栽培のポイント 〉

**月毎に軽く鶏フン、牛フンを追肥すると
ながく収穫を楽しむことができる。**

苗の植え付け

1. スタート

寒さに弱く、気温が上昇しないと成育しないため、苗の植え付け時期には注意をする。

2. 植え付け苗

元肥には、堆肥、鶏フン、油粕少々、カキ殻石灰を入れて畝を準備する。

3. 排水のいい場所

過湿には弱いため、排水の良い状態が適している。

4. 気温上昇と共に成育

暖かくなると、脇芽も出て茂り始めます。支柱は植え付けの前に立てておきましょう。

5. トウガラシ系は枝が弱い

枝は折れやすく、麻ヒモで支柱にとめる。また、苗の茂り具合に応じて補強の支柱を立てることも必要。

6. 実留まりがいい

根元に近いほうから、どんどん花が咲き、ほとんどの花に実が成る。

7. 大きなものから収穫

実の重みで枝が裂けることもありますから、実り次第どんどん収穫してください。

開花始まる

長くなったものから収穫

8. 独特の甘味種

写真のように、伏見甘長は万願寺トウガラシの４分の１程度の大きさ。
ピーマンとの掛け合わせの万願寺トウガラシと比較すると、大きさは小さい。
ものの独特の味わいがあり焼き鳥店や串カツ店では、伏見甘長がよく提供されている。

伏見甘長（左）万願寺トウガラシ（右）

収穫した伏見甘長

ウリ科

キュウリ

美味しいキュウリは、深い甘味がある

体温を下げる効果があるだけに、キュウリは夏に欠かせない代表的な果菜です。露地栽培で育てたキュウリには、濃い緑と香りだけでなく深い甘みがあり、みずみずしい食感は盛夏に涼を呼んでくれます。夏野菜のなかでは成長がいちばん速いのが特徴です。

収穫も早く終わるため、種蒔きや植え付けの時期をズラして種蒔きすると、梅雨の季節から初秋まで収穫を楽しむことができます。

基本データ

原産地：インド

難易度

お手軽　育て易い　やや難

スケジュール

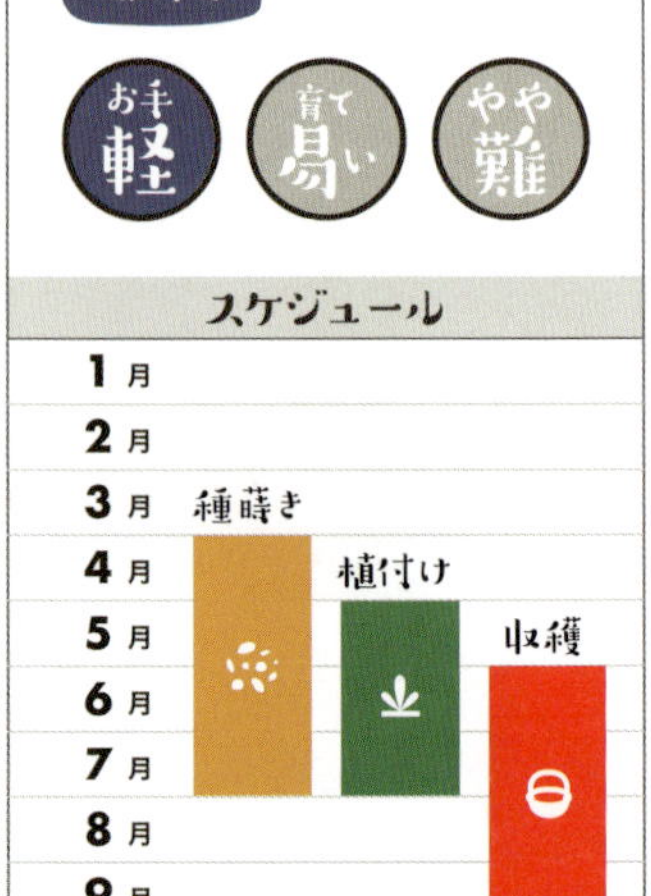

〈 育苗の基本と栽培のポイント 〉

**水遣りと芯止めを忘れなければ、
どんどん実が成る簡単野菜。**

本葉４枚で苗の植え付け

1. スタートは４月

４～６月は移植鉢で育て、**７月は直蒔きで地這え栽培**に変える。

2. 育苗

ポリの移植鉢で発芽させ、ナメクジ対策をしながら育苗する。(夜間は室内に入れると安全)

3. 低温対策

４月の種蒔きは気温が下がる日もあるため、ビニールを張った簡易育苗箱で育てる。

4. 移植の時期

本葉４枚で、有機基本肥料を施した畝を整えて移植をする。(気温が低い場合にはビニールトンネルで対応)

5. ツルは風に弱い

キュウリは風に揺すられると苗が弱るため、ネットを張ってツルが伸びやすくし、合掌組などしっかりした支柱をたてることが大事。

6. 摘芯すると収穫増量

ツルが伸びて**子ツル２節で摘芯**すると、孫ツルが伸びて、子ツル、孫ツルで多くの収穫ができる。

7. ツルを誘引する

伸びたツルが垂れさがらないように、早めに麻ヒモで支柱やネットに誘引する。

8. 花に無駄がない

開花すると、**ほとんどの花に実が付く**。

ツルが伸びて花が咲く

キュウリの支柱とネット

9. 肥料切れか、老化の現象

実が**先細りなどひどく変形**しはじめたら、肥料切れと判断して追肥をするか、もしくは老化とみて新しく苗を植え付ける。

半白キュウリと緑キュウリ

地這え栽培

病虫害対策

- 早くから葉が白くなり、うどんこ病になったら、葉を切り取り、水で薄めた食酢や唐辛子エキスを噴霧する。

ウリ科のうどん粉病の被害

苦瓜

（ゴーヤ）

ウリ科

夏バテ防止にはゴーヤがいちばん

朝のテレビドラマで全国に拡がった、沖縄名産の苦瓜。

ゴーヤの葉が茂る緑のカーテンがあれば、猛暑の夏にも涼を運んでくれます。緑のカーテンは、気分だけでなく実際の温度も2～3度下げます。

ほかにも瓢箪カボチャや薩摩芋など、ツルもの野菜ならば緑のカーテンができます。

ゴーヤチャンプルなど苦瓜特有の苦みとコリコリ感が受けていて、栄養価もビタミンC、カロテン、ミネラル、食物繊維など豊富。

夏バテ予防にもなる果菜です。

基本データ

原産地：東アジア、熱帯アジア

難易度

お手軽　**育て易い**　やや難

スケジュール

月	種蒔き	植付け	収穫
1月			
2月			
3月			
4月	■		
5月	■	■	
6月			
7月			■
8月			■
9月			■
10月			
11月			
12月			

〈 育苗の基本と栽培のポイント 〉

**芯止めをすると脇芽が出て葉が茂る
水遣りを忘れないことが大事。**

濡れタオルにつつんで24時間

1. 発芽を確実にする

種皮が硬く発芽させるのに難渋する。**発芽を確実にするには、種皮の端をペンチで切る方法**や、**24時間水に浸し**てから種蒔きする方法がある。

2. 低温では発芽しにくい

4月は気温が下がる時もあり、早く育てるには簡易育苗箱のポリ鉢で育て、夜間は屋内に入れる。

3. 有機石灰がたいせつ

移植畝には有機基本肥のカキ殻石灰を多めに施しておく。

4. ネットや支柱を準備

プランター栽培、露地栽培のいずれの場合も、ツルを這わせるネットや合掌組支柱を準備してから植え付ける。

5. 成長が加速する

植え付け後の成長は緩慢であるが、**気温が上がるにしたがい成長が加速**する。

ようやく本葉2枚

ツルが伸び始める

6. 台風対策

成長期が台風シーズンと重なるため、しっかりしたネットや支柱にしておくほうがいいでしょう。

7. 巻きヅルの能力

ツルは細いが、巻きヅルは周りのものによく絡みつく性質をもっている。

8. 自然受粉

苦瓜は黄色の小さな花がたくさん咲き、特に人工授粉する必要はありません。

ゴーヤで緑のカーテン

9. 苦瓜の種類はいろいろ

種類は細いものから薩摩芋型のものまでいろいろ。大きいものでは実の長さ30センチを超えるものもある。

縦割りにしてワタを取る

完熟したもので種採取

赤いゴーヤ種子

種の採取保存

- 大きな実を収穫しないでおくと、緑が黄色に変わり、黄色が橙色に変わる。
- 橙色に変わったときが完熟。完熟を食べると甘味があります。完熟のままにしておくと、皮が**破れ赤い種子が露出**してきますので、そのときが種の採取の時期。
- 採取した種の表面を水でよく洗い落し、ザルで干してから翌年まで保存。

ウリ科

白レイシ

マイルドな苦味がクセになる

（サラダゴーヤ）

ゴーヤ（苦瓜）にも形状や苦味にいろいろ種類があります。

なかでも変わった品種は、突然変異と品種改良によって生まれた白レイシです。白レイシと呼んでいるゴーヤのなかには薄緑のものから純白のものまでありますが、純白レイシの特長は、なんといっても苦味がマイルドでサラダにもできることです。

別名「サラダゴーヤ」と呼ばれるように、夏バテ防止のサラダ料理のひとつとして珍重されています。

基本データ

原産地：東アジア・熱帯アジア

難易度

お手軽　**育て易い**　やや難

スケジュール

1月		
2月		
3月	種蒔き	
4月		
5月		
6月		収穫
7月		
8月		
9月		
10月		
11月		
12月		

〈 育苗の基本と栽培のポイント 〉

白レイシはF1種（1代交配品種）のため、採取した種からは翌年かならずしも同じ種類のレイシができるとは限りません。

1. スタート

白レイシの種は他のゴーヤと区別しにくいため、**初年度は種苗店で「白レイシ」と指定されたもの**を購入する。

白レイシの種

やっと出た芽

2. 24時間浸す

一般的にゴーヤの殻は非常に硬いため、風呂の残り湯などに**24時間浸した後に種蒔き**をする。（殻の端を軽くペンチで切る方法もある）

3. 鶏フンを基本肥料

畝の有機基本肥料は、**果菜類の特長として、牛フンよりも鶏フンがより効果的**でしょう。

ポリ鉢で育てた白レイシの苗

4. ネットや支柱を準備

直蒔きであれポリ鉢からの移植であれ、ツルが繁茂しますからしっかりした支柱を立て、ネットなどを張ったうえで種蒔きや移植をする。

苗の植え付け

5. 最初はツルを誘引

ツルが伸び始めの頃は、巻きヅルが成長していませんから麻ヒモで誘引。

6. 夏本番にはどんどん伸びる

気温が低いときは成長が遅く、**夏にむかって気温が上昇するにしたがいツルがどんどん伸び**、葉も茂ってきます。

7. 白レイシは目立つ

緑のゴーヤは葉の茂みに隠れて取り忘れがありますが、白レイシは目立ちますから取り忘れはありません。

8. 秋口には変形果がでる

実が先細りなどひどく変形しはじめたら、肥料不足と判断して追肥をするか、もしくは老化とみて新しく苗を植え付ける。

巻きヅルが伸びるまで誘引

乾燥を防ぐ敷き藁

病虫害対策

- 猛暑の頃は虫が付きませんが、気温が下がる頃から葉や実に虫がつくことがあります。対策として**8月下旬から稀釈した竹酢液を噴霧する**。

種の採取保存

- 完熟した白レイシは緑のゴーヤと同じように黄色くなります。種を採取するときは、種類別に分けて保存しておかないと混ざってしまい、後で判別できません。

ウリ科

昔懐かし黄金の瓜

マクワ瓜

夏の暑い時期に湧水や井戸水で冷やした黄色のマクワ瓜は、西瓜とともに懐かしい夏の代表的な果菜です。

同じメロン系でも、プリンスメロンやマスクメロンとなると家庭菜園では難しいのですが、ビタミンAをたっぷり含み、糖度もまずまずの在来型のマクワ瓜（黄色種・金太郎）ならば大丈夫です。

とくに高温と日照を好む果菜なので、日当たりのいい場所で栽培することが最低の条件になります。

基本データ

原産地：アフリカ

難易度

お手軽　育て易い　やや難

スケジュール

月	種蒔き	植付け	収穫
1月			
2月			
3月			
4月	●		
5月	育苗箱で発芽	●	
6月			
7月			●
8月			●
9月		黄色の頭に茶色の割れ目が出た頃が完熟期	
10月			
11月			
12月			

〈 育苗の基本と栽培のポイント 〉

敷藁やスダレを敷くと、その後は追肥は不可。必ず敷藁の前に追肥する。

苗の植え付け

1. 気温に注意して

植え付け時の気温が低いときは、スイカと同じようにビニールトンネルを掛けるほうが無難でしょう。

2. 植え付け

マクワ瓜にかぎりませんが、植え付け穴に水を注いでから深植えにならないように植え付ける。

3. 植え付けは丁寧に

植え付け後は周りを手のひらで軽く押さえてからジョウロで潅水する。

4. 必ず摘芯をする

親ツルが伸び始め本葉５～６枚で第１回目の摘芯、子ツルが出てから本葉１０～１２枚で第２回目の摘芯をする。

伸びたツルの第１回摘芯

マクワ瓜の花

5. 追肥のチャンス

親ツル摘芯のときに、畝の両側に油カスと鶏フンを追肥し、敷藁（スダレ）を整える。後は追肥が不可能になる。

6. 摘芯をするとツルが茂る

たくさん伸びはじめた孫ツルが着果ヅルになる。

7. 受粉しやすい花の形

孫ツルに咲く花が多くあれば、昆虫や風で自然受粉する。

まだ緑のマクワ瓜

花が咲いて自然受粉

スプーンで種をとり取り出し、洗わないで食べる

病虫害対策

- 害虫の被害は少ないが、ウリ科特有の**ウドン粉病**が、梅雨明けから始まる。
- ウドン粉病は糖度をおとすため、早めに対処。
- 完全対策はできないが、葉を切り取り、**希釈した食酢、竹酢液を噴霧**して病気の進行を遅らせる。

ウリ科

奈良漬といえば、これが本家

白瓜

（シロウリ）

白瓜を有名にしたのは奈良漬です。肉厚で歯ざわりがよいので代表格となっています。

マクワウリの変種で甘味は淡白。形状はほとんど大きなキュウリのようですが、外皮が白っぽいので「白瓜」の名が付きました。

食材としては、まず皮を剥いで二つ割りして種とワタを取り、くず煮、炒め物、三杯酢の浅漬けが一般的です。

奈良漬けには、皮を剥かずに二つ割りにした中身を取り、塩で仮漬けし、暫く乾燥させてから酒粕（味噌）にじっくり漬け込みます。

基本データ

原産地：東アジア

難易度

お手軽　育て易い　やや難

スケジュール

〈 育苗の基本と栽培のポイント 〉

ウリバエがつきやすく、
早めに竹酢液で対処しないと成長がおくれる。

1. 種蒔きと発芽

種は小さく、**キュウリやマクワウリの種にそっくり**で、ほとんど見分けがつきません。

白瓜の発芽

2. ビニールトンネルも可

キュウリに比較するとかなり**発芽が遅く（気温２０度以上が適温）**、直蒔きの場合はビニールトンネルで温度を上げると、発芽はより確実になるでしょう。

3. 支柱にツルを伸ばすこともできる

マクワウリと同じように地這え栽培をするときは、**本葉６～７枚で敷藁**をしますが、菜園が狭い場合はしっかりした合掌組の支柱を立ててツルを上へ誘引する。

4. ツルものには摘芯

本葉７～８枚で摘芯し子ヅル３～４本を伸ばし、孫ヅルに着果させるのがポイント。

子ヅル・孫ヅルが伸びて花が咲く

5. 大きなキュウリの形

本葉の形はマクワウリと同じですが、果実は大きなキュウリの形。

まだ緑の白瓜

6. 表皮の緑が白っぽくなった頃

収穫の目安は、雌花に**着果後ほぼ３０日**で、**表皮の薄緑が白っぽくなった頃。果長は２０～２５センチ前後の大きさ**になっている。

縦割り・ワタ抜き・塩漬け

病虫害対策

- ウリバエに葉を食べられることが多く、本葉の出た頃から稀釈した竹酢液を噴霧すると被害は少なくなる。
- キュウリやマクワウリ、カボチャなどウリ科は、ウドンコ病に罹りやすく、早めの竹酢液噴霧の対策が必要。

ウリバエが来ている白瓜の本葉

西瓜

（スイカ／大玉系）

ウリ科

真夏の果菜といえば、王様はこれだ

日本の夏といえば、なんといっても果菜の王様である西瓜です。

夏の果菜の多くは体温を下げる効果があり、猛暑で疲れた身体には、ブドウ糖、加糖をたっぷり蓄えた西瓜がいちばんです。

西瓜の甘味をじっくり味わうには、井戸水の温度が適温ですから、あまり冷やしすぎないように。

西瓜は太陽の強い光と高温を好む性質があり、排水がよく陽当たりのいい菜園で栽培します。

基本データ

原産地：アフリカ

難易度

お手軽　育て易い　**やや難**

スケジュール

月	
1月	
2月	種蒔き
3月	種蒔き
4月	種蒔き／植付け
5月	植付け
6月	収穫
7月	収穫
8月	収穫
9月	ゴルフボール大から30日頃
10月	
11月	
12月	

〈 育苗の基本と栽培のポイント 〉

**大玉スイカを成功させるコツは、
摘芯と摘果を必ず実施することです。**

植え付け時にビニールトンネル

1. 土壌を選ぶ

連作障害がでやすいので、４年以上空けた土地で栽培する。

2. 施肥

排水のいい場所に有機基本肥料にカキ殻石灰をたっぷりと施肥。

3. 接ぎ苗の購入

ユウガオなどを台にした接ぎ苗（購入）にすると、連作障害を避けることができる。

花が咲く頃トンネル外す

4. ビニール トンネル

植え付けと同時に、敷藁（古いスダレも可）をしてビニールトンネルを掛ける。

5. 必ず摘芯する

親ツル６～７節で芯を止め、子ツルに結果させる。

6. はずすタイミング

トンネル内にツルがいっぱいになり、花が咲くと同時にビニールをはずし、畝全体に敷藁（スダレ）をする。

第６節で摘心

7. 受粉はかんたん

特に人口受粉する必要もなく、昆虫や風による自然受粉でじゅうぶん。

8. ゴルフボール大の日付

実がついたら、しばらく様子をみて**ゴルフボール大になった時、その日の日付札**を差す。

9. 30日が目安

気温情況にもよるが、札入れの日付から**３０日が完熟の目安。**

10. 摘果のポイント

生育の途中で色が黒ずんだものや、変形のものは受粉が失敗し、完熟しないので思い切って摘み取る。１本の苗から３ヶ以上を望まず摘果しましょう。

11. 排水に注意

雨の多い梅雨時期には根腐れを起こしやすく、溝の排水に特に注意する。

12. 直接土に触れない

リンゴ大の頃、尻が土に触れないよう実の下に薄い板を入れる。

13. 完熟の判断

３０日頃緑の縞模様がくっきりと盛り上がってきたら完熟ちかしの兆候です。

病虫害対策

- 連作による天敵のカビの発生による障害をさけるため、毎年栽培の場所を変えること。
- 長雨による根腐れを防ぐため排水には特に注意。

孫ツルは摘芯

カラスと泥棒除けネット

収穫と保存

- 美味しい西瓜の種を保存し翌年蒔くことできますが、自家採取と苗の購入の２本立てのほうが無難です。

西瓜は切るまで分からない

ウリ科

冬至に食べる、栄養価満点の瓜

カボチャ

（南　　京）

江戸時代にカンボジアや中国南京経由で日本に渡来したことから「カボチャ」や「南京」の名前が付きました。

「土手カボチャ」というほど、多湿地を嫌うカボチャの栽培には河原の斜面のような場所が最適です。

強健な野菜なので草刈りをしなくても、ツルが伸びて茂った葉が雑草もくい止めてくれます。

栄養価も抜群で、タンパク質、脂肪、カロテンが多く、玄米以上のビタミンB，Eのほか、青菜以上にビタミンCを豊富に含んでいます。

基本データ

原産地：アフリカ大陸

難易度

お手軽　育て易い　やや難

スケジュール

月	作業
1月	
2月	
3月	
4月	種蒔き
5月	植付け
6月	
7月	収穫
8月	収穫
9月	
10月	
11月	
12月	

〈 育苗の基本と栽培のポイント 〉

近年蜂の数が減少し、自然受粉が難しくなっている。早朝花が開いているときに、人工授粉するほうが無難かもしれない。

植え付け後２週間

1. 12時間ほど水に浸して

種の殻が硬いので、**12時間ほど水に浸した後**、育苗鉢に種を蒔くと発芽が早くなる。

2. 植え付け

ポリ鉢で育て、本葉４枚が栽培畝への移植時期の目安になる。

3. 種蒔き

直蒔きの場合は種２ヶずつ蒔き、発芽するまで遮光ネットを掛けて湿度をたもつ。（２本発芽に成功したときは、一本をハサミで切り取る）

4. 施肥

畝には元肥に有機基本肥料をたっぷり施せば、その後追肥の必要はありません。

スダレの上にツルが茂る

5. ビニールトンネル可

移植時に保温とウリバエ対策にビニールトンネルにするとより安全でしょう。

6. 古いスダレを利用

菜園ではツルが伸びる前に**古スダレを敷いておく**と完熟時に尻の部分が虫に食われることが少なくなる。

7. 早朝に人工授粉

自然受粉はしますが、苗が１～２本で受粉が不安なときは、早朝に雄花の花粉を雌花に擦り付ける。

8. 完熟の目安

完熟の目安は、実の**軸のところが白く筋張ってきた頃。**

雌花

カボチャの雄花はたくさん咲く

首に白い筋が入れば完熟

支柱立てで育てるカボチャ

収穫と保存

- 自家採取の種でじゅうぶん翌年の栽培ができる。美味しいカボチャを食べたときは、種を水で洗い、ぬめりを落として乾燥保存しておきましょう。

ウリ科

晩秋にも収穫できる珍しいカボチャ

瓢《ひょう》簞《たん》カボチャ

(南部一郎)

カボチャは、日本種、西洋種、ペポ種に分類されます。

瓢簞カボチャと呼ばれる「南部一郎」の命名は、品種改良の地域と人名から付けられたものですが、変わったカボチャなのでご紹介します。

形状はペポ種のズッキーニによく似ていますが、ツルなしのズッキーニと違いツルがどんどん伸びます。

ズッキーニは幼果を食べ、味もキュウリに似ていますが、南部一郎の味は完全なカボチャの味。

11月でも葉が枯れないため、緑のカーテンにもできます。

基本データ

原産地：日本改良品種

難易度

お手軽　育て易い　やや難

スケジュール

月	種蒔き	植付け	収穫
1月			
2月			
3月			
4月	●		
5月	●	●	
6月		●	
7月			
8月			
9月			●
10月			●
11月			●
12月			

〈 育苗の基本と栽培のポイント 〉

病虫害にはとても強い。ツルが８メートルに伸びるため、植える場所を確保しておく。

植え付け後

1. 種蒔き

一般のカボチャに比べて種は薄く、発芽も容易です。１２時間程度水に浸けてから種蒔きをする。

2. 施肥

逞しい野菜ですから土壌力でじゅうぶん育ちますが、菜園では畝には有機基本肥料を軽く施す程度でいいでしょう。

3. 強靭な生命力

強靭な生命力でツルが伸びますから、空き地や川の土手に植えると雑草を駆逐してくれます。

花の根元が膨らんでいる雌花

4. ツルは８メートル

直蒔きする場合は、ツルが５～８メートル伸びることを想定して蒔くこと。発芽を確実にするためは、２個ずつ種を蒔き、本葉が出てから片方を切り取ってもいい。

5. 支柱で育てる

風にも強いので、支柱を合掌組み、やぐら組みに組んでツルを伸ばすこともできる。

6. 人工授粉

昆虫による自然受粉でほぼ大丈夫ですが、念のため幾つか早朝に人工授粉する。

7. 瓢箪型にふくらむ

受粉に成功すると、雌花の根元が瓢箪型にふくらんでくる。

大きな瓜を支える支柱

まだ濃い緑の段階

8. 15ケも収穫

順調に育つと**１株で１５ケ程度の大量収穫**ができる。

南京と瓢箪カボチャ

病虫害対策

- 病気に強くカボチャ特有のウドンコ病にもほとんど罹らない。

収穫と保存

- 完熟のもの（写真のように全体が白っぽくなり、黄色のマダラがでる）から種を採取する。
- 種は一般のカボチャの種と比べて厚みが薄く扁平な形をしている。

ウリ科

金《きん》糸《し》瓜《うり》

（そうめん南瓜《かぼちゃ》）

歯ざわりが、なんともいえません

形状と色はマクワウリにとてもよく似ていますが、表皮がとても硬く出刃包丁でないと切るのは無理です。出刃包丁でも難しいならば料理用ノコギリで切るしかありません。

ともかく半分程度に切り分け茹でます。すると果肉が金色の糸のようになるところから、金糸瓜と名前が付いたようです。

茹でた後そうめんのような果肉をスプーンやフォークで取り出し、酢の物やマヨネーズ和えにすると、歯ざわりのいい独特の食感が好評です。

基本データ

原産地：アメリカ大陸

難易度

お手軽　育て易い　やや難

スケジュール

月	作業
1月	
2月	
3月	
4月	種蒔き
5月	種蒔き・植付け
6月	植付け
7月	収穫
8月	収穫
9月	収穫
10月	
11月	
12月	

〈 育苗の基本と栽培のポイント 〉

スイカと同じように雌花はたくさん咲きますが、梅雨時期は受粉の失敗が多い。ミツバチの数も減少しているため、人工授粉を試みましょう。

ポリ鉢で育苗

1. 発芽がスタート

種２粒を畝に直蒔き、もしくはポリ鉢で発芽、育苗。

2. ナメクジ対策

発芽し双葉の段階で、よくナメクジの食害にあうことがあるので注意。ナメクジは夜行性がるため、夜間は屋内に入れると被害にあいません。

3. １本立ちで育苗

２粒両方の発芽を確認できたときは、丈夫そうな１本を残し、片方をハサミで切り取り１本立ちにする。

4. 移植の前に畝と支柱を準備

移植の前に、有機肥料を施した畝を準備し、しっかりとした合掌組ややぐら組の支柱を準備する。

5. 移植

本葉３～４枚で菜園の畝に移植すると、根張りの具合がいい状態で移植できるでしょう。畝に移植後、畝に根が張るまで水遣りを忘れないことが大切。

金糸瓜の幼果と雄花

支柱にツルが伸びる

6. ツルを誘引

ツルが伸び始めの頃は、巻きヅルがまだ成長していませんから、麻ヒモでツルを誘引してくださいください。

7. 受粉を確実に

近年ミツバチが減少し、受粉に失敗することが多くなっている。早朝の人工授粉をお勧めします。

緑のあいだは未完熟

受粉成功？

収穫と保存

- 表皮が硬いため真冬まで保存可能。料理用ノコギリに半切りにしたあと、茹でる前に種を取り出し、種のぬめりを洗い落として乾燥保存する。

半割で種を取り出してから茹でる

ウリ科

ハヤトウリ

種ひとつから数十個できる、アステカの果菜

太陽の民・アステカ族からの贈り物といわれるハヤトウリ。

日本で栽培できるウリ科のなかでも、とくに珍しいのは、果実ひとつに種ひとつという点です。

ところが、ひとつの1株から100個以上の果実が収穫できるという、繁殖力がきわめて逞しいことも特長です。

食材としては、味噌漬け、粕漬け、糠漬け、塩漬けのほか、炒めもの、煮ものはもちろん、スライスサラダにもできます。

基本データ

原産地：熱帯アメリカ

難易度

お手軽　育て易い　やや難

スケジュール

〈 育苗の基本と栽培のポイント 〉

1株に100ケ以上の実が成る。
広い栽培畝や大きな支柱棚を準備する。

芽が出たハヤトウリ

1. 屋内で発芽

３月下旬、菜園の土と川砂を混ぜた鉢に、種果を**横にして半分埋めますが、水をやる必要はまったくありません。**

2. 植え付け

芽が出てきたところで、芽を地上部に出し、果実の半分を畝に埋め込む。根はあとから出る。

3. ツルは長く伸びる

１株の成長した**ツルの長さは、縦４～５メートル、横４メートル以上**なることを考慮して幅広い畝を準備する。

4. 施肥

気温２０度を超えると、ツルが伸びはじめ、それに比例して根も伸びますから、畝全体に堆肥と鶏フンを軽く施しておく。

5. 支柱立ての準備

早めに高い支柱を準備しておかないと、葉が茂り始めてからはできません。

6. 追肥

ツルに本葉８枚ついた頃、鶏フン、もしくは油カスを追肥すれば、後は必要ありません。

7. 本葉８枚で摘芯

追肥する本葉８枚の時に、摘芯をすると子ヅルがどんどん伸びていきます。

8. 孫ヅルに実が成る

孫ヅルに実を付けるのが理想なのですが、葉が茂り区別がつかなくなりますから、出来る範囲でいいでしょう。

気温上昇するとツルが伸びる

逞しく茂る葉

収穫と保存

- 翌年に栽培するには、完熟の果実のなかから、しっかりし成長したを種果として選ぶ。
- モミ殻に埋める、もしくは新聞紙でくるみ、**春まで冷暗所で保存する。**
- 貯蔵性が高く、春まで腐ることはほとんどありません。

ハヤトウリの収穫

ウリ科

冬《とう》瓜《がん》

表皮が硬くキメが細かいので、春先まで保存できる

夏の果菜で秋まで収穫できますが、冬季もじゅうぶん保存できることから冬瓜の名前が付きました。

奈良時代には加茂瓜（カモウリ）とも呼ばれ、地域によっては寒瓜（カンモリ）の名で残っています。

表皮が硬くきめが細かいので、長期にわたり水分を貯めることができるウリ科の野菜です。

ビタミンC、カリウムが豊富で、淡白な味は薬膳料理をはじめダイエット食の食材としても利用されています。

基本データ

原産地：東南アジア

難易度

お手軽　育て易い　やや難

スケジュール

月	種蒔き	植付け	収穫
1月			
2月			
3月			
4月	●		
5月	●	●	
6月		●	
7月			
8月			●
9月			●
10月			●
11月			
12月			

〈育苗の基本と栽培のポイント〉

野性味の強い果菜だけに手間はかかりません。伸びすぎるツルを誘引するだけで栽培はかんたん。

落ちた種から発芽

1. スタート

種蒔きは、ぬるま湯に12時間ほど浸してポリ鉢に種を蒔き、夜間は屋内に入れるなどの工夫をする。

2. 気温が上がると発芽

種の表皮が硬く、気温が上がらないとなかなか発芽しない。

逞しく伸びるツルに花が咲く

3. 自然発芽

実際は、菜園に捨てた種が、気温と湿度が上昇して発芽したものを畝に植えつけることが多い。

4. 野性味が強い

発芽して本葉が出れば、栽培は難しくない。野性味の強い果菜。

5. 手間いらず

有機基本肥料を施した、幅の広い畝に植え付けるだけで後の心配はいりません。

6. スダレを敷く

できればスダレを敷いておくと、収穫のときにも土が付くこともない。

7. ツルの誘引

強健な野菜なだけに、ツルが伸びすぎ隣の畝の野菜を駆逐する勢いがあり、はみ出したツルを時々元の畝に誘引してやる。

8. 雑草対策にもなる

空き地になって雑草が茂って困るような場所に植え付けると、秋口まで草刈の心配は要りません。

9. 1メートルにもなる種類もある

冬瓜はたくさん実がなるだけでなく、**大きさが1メートル**ほどになるものもある。

10. 毛は手に刺さる

収穫時には、表面にまだ棘のような毛が残っているため、軍手でふき取る。

11. ツルは固い

ツルがしっかりしているため、収穫はハサミで首のところのツルを切る。

（支柱栽培例）

産毛に覆われた冬瓜の幼果

まだ白毛がある

収穫と保存

- いちばん実りのいいものから翌年の種をのこす。

干《かん》瓢《ぴょう》（夕顔）

ウリ科

名前は夕顔でも、形はひょうきんな姿

干瓢は夕方には花が咲き、朝になると花が萎む夕顔のことです。

夕顔といえば『源氏物語』の「夕顔」のような雅なイメージがありますが、完熟の干瓢はひょうきんなお姿。

ともあれ、干瓢といえば、なんといっても戻し干瓢を巻き入れた海苔巻き寿司です。

煮物の昆布巻きや揚げ巾着の結束に使う具材としても重宝されています。

ほかには煮物、炒め物、干瓢スープ、あんかけ、酢の物、サラダなどの料理。

形がよく似ていても、冬瓜に比較すると、ほとんど味にクセがありません。

基本データ

原産地：インド

難易度

お手軽　育て易い　やや難

スケジュール

月	作業
1月	
2月	
3月	種蒔き
4月	種蒔き
5月	種蒔き
6月	
7月	
8月	
9月	収穫
10月	収穫
11月	
12月	

〈 育苗の基本と栽培のポイント 〉

家庭菜園で干瓢を栽培する人は多くありませんが、少し変わったものを育てるのも楽しみのひとつ。

苗の植え付け

1. スタート

ポリ鉢育苗も直蒔き育苗もできますから、菜園の状況に応じてケースバイケース。

2. 植え付け

施肥する肥料は有機基本肥料。畝作りには高さはそれほど高い必要はありません。ただし、ツルが数メートルにも伸びますから、**幅広の長い畝を準備**しておきましょう。

3. スダレを敷く

本葉5～6枚の頃（ポリ鉢から植え付け）に、写真のように**古いスダレを畝いっぱいに敷き詰め**ておくと、果実の保護にも効果あり。

ツルが逞しく伸びる

カンピョウの苗が根づく

4. 強い巻きヅル

根付きが完了すると、ツルがどんどん伸びはじめ、巻きヅルがスダレに巻き付いて強風にも耐えるようになります。

5. 白い可憐な花

花が咲いた雄花と雌花を見るためには、**夕暮れ時もしくは早朝に菜園へ**行ってみてください。「夕顔」の名前のとおり、開花しているのは白い可憐な花。

朝には花は萎んでいる

6. 調理方法は？

完熟前の干瓢は、冬瓜料理と同じような調理方法。定番は、ミンチ肉とのあんかけや干しエビを入れたスープというところでしょうか。

干瓢の作り方と保存

- 毎年栽培するのであれば、専用の電動の皮むき器を購入したほうが便利。
- 不定期で少量栽培ならば、干瓢の皮むきは、陶芸のろくろなど回転する器具があれば可能。（ポイントは干瓢の**回転軸を固定する**こと）
- 削り幅は3～4センチ程度。薄い金属板で、途中で切れない程度の厚みに剥ければいいでしょう。
- 剥きあがった干瓢を、物干し竿でじゅうぶん天日干しをして乾燥保存。

ウリ科

ズッキーニ

キュウリではありません。未完熟で食べるツルなし瓜

基本データ

原産地：メキシコ

難易度

お手軽　育て易い　やや難

スケジュール

1月
2月
3月　種蒔き
4月
5月　収穫
6月
7月
8月
9月　閉花後１週間程度で収穫
10月
11月
12月

キュウリに形状がよく似た「ペポカボチャ」の種類です。

通称「ツルなしカボチャ」とも呼ばれ、ビタミンA，Cが多く、カボチャ系としては低カロリーの健康野菜です。

成長すると繊維質が多くなり、食材としては適さなくなるので、本家のカボチャのように保存はできません。

花がしぼんで7日頃、長さ20センチ、太さ3～4センチほどの幼果を食べます。

〈 育苗の基本と栽培のポイント 〉

ツルなしカボチャですから、根元を小さな杭で留めると苗が痛みません。

植え付けたばかりの苗

1. ツルなしカボチャ

ツルがないので一般的なカボチャのように特に広い畝にする必要はない。

2. 1メートル幅の畝

有機基本肥料を施した排水状態のよい幅１メートル程度の畝を準備する。

3. 植え付け幅

ツルなしではあるが、**草幅１メートル**になるため、植え付け間隔に注意する。

4. ビニールトンネル

温暖な気候を好むので、種蒔き、植え付け時に気温が低い場合はビニールトンネルで栽培する。

5. 20 度を超えれば外す

気温２０度を超えて葉が大きく茂った頃に、ビニールトンネルを外す。

根付いて葉が伸びる

6. 強風に注意

強い風が吹く地域では、低い支柱を斜めに差し込み、根元を揺すられないようにする。

7. 着果は大丈夫

花が咲けば、キュウリと同じように、受粉しなくてもほとんど着果する。

8. 根元に実が成る

茎はあまり伸びず、根元に近いところに花が咲き実も成る。

9. スダレは有効

梅雨時期の収穫のため、実が土に触れていると、病害虫の被害の可能性有り。（敷藁やスダレが有効）

10. １週間後が食べ頃

花がしぼんで１週間頃が食べ頃。放置しておくと筋ができてくる。

花が咲けば確実に実が成る

半切りにピザチーズを載せて６分

収穫と保存

- いちばん実りのいいものを完熟まで残し、翌年の種を採取。

イネ科

トウモロコシ

新鮮なものを、生で食べてみてください

世界の生産量のトップはアメリカで、日本はアメリカからの輸入にほぼ全面的に依存しています。

ほとんどが家畜の飼料として利用されていますが、デンプンやサラダオイルにも加工され、ビタミンB，リノール酸が豊富な夏の健康野菜です。

近年バイオエタノールとして燃料に利用されはじめ、食糧の需給バランスの崩壊が懸念されています。

美味しく食べるには、菜園で直接皮を剥いて、その場で食べるのがいちばんです。

基本データ

原産地：メキシコ

難易度

お手軽　育て易い　やや難

スケジュール	
1月	
2月	
3月	
4月	種蒔き
5月	種蒔き
6月	
7月	収穫
8月	収穫
9月	
10月	
11月	
12月	

〈 育苗の基本と栽培のポイント 〉

２条植えにすると、受粉率がぐっと高くなる。上部の雄花の花粉が、下部雌花に落ちる。

1. 畝の準備

受粉しやすいように２条植えにするため畝幅を広めにする。

2. 点蒔き

直蒔きで３０センチ間隔の点蒔きで、種は２〜３ケ。

トウモロコシの２条植え

３コの芽

3. １本立てにする

発芽後しばらくすると、苗は太さや草丈に差が出るので、いちばんしっかりした苗を残し、あとはハサミを使い根元で切り取る。

4. 追肥のタイミング

草丈７０〜８０センチの頃、根が土の表面に出て倒れやすくなるので、鶏フン、油カス少々を追肥して土寄せする。

上の雄穂の花粉が下の雌穂に着く

5. 倒れることもある

根の張りが浅い性質があり、70 センチを超えてから畝の両側から支柱で支えてもいい。

6. 受粉の仕方

茎のいちばん上に雄穂が咲き、その花粉が中段の雌穂の絹糸に着いて受粉する。

白い絹糸が茶色に変わる

鳥害対策

- 実が膨らんでくる前に、防鳥ネットや防虫ネットを掛けるほうがいい。
- 鳥は実の甘さが分かっており、完熟前にネットを掛けないと、被害にあうことが多い。

収穫と保存

- 白い絹糸が茶色に縮れて暫くすると完熟ですから、皮の上から手で掴んで確かめる。
- 実を手でもぎ取るが、皮は絶対に取らないこと。皮を取るとすぐに味が落ち始めるため、食べる直前に皮をむくのがいい。

茶色が完熟

バラ科

イチゴ

ビタミンCたっぷり、世界で愛される果菜

イチゴは果たして野菜なのか、果物なのか？　と悩むところですが、バラ科の多年草に分類されていますので、とりあえず果菜としましょう。

生食の果菜としては、世界の消費量のトップランナーと呼ばれています。

甘味、香り、酸味のバランスが良く、とくにビタミンCが豊富なことが人気の理由です。

たくさん収穫できたときには、自家製のジャムを作るのもイチゴ栽培の楽しみのひとつです。

基本データ

原産地：アメリカ

難易度

お手軽　育て易い　やや難

スケジュール

1月			
2月			
3月			
4月			収穫
5月			■
6月	育苗		■
7月	■		翌年収穫
8月			
9月		植付け	
10月		■	
11月			
12月			

〈育苗の基本と栽培のポイント〉

ランナー（走りヅル）からの自家栽培は手間暇がかかるが、安全で美味しいイチゴを楽しむことができる。

苗の植え付け

1. 初年度は苗の購入

初年度は苗を購入して植え付ける。（翌年からは孫苗、ひ孫苗を植え付ける）

2. 植え付け

イチゴは肥料負けを起こしやすいため、有機基本肥料を２週間以上前に畝に施し、植え付けの準備をする。

根付いた苗

3. マルチ栽培も効果的

確実な育苗法は、10月に黒マルチを畝に掛け、苗の部分をカッターで十文字に切り、イチゴ苗をマルチの上に出しておく。

（効果としては、地温上昇をはかる、雑草の繁殖を抑える、土壌水分を保つ、収穫時にイチゴの実に泥がつかないこと）

4. ランナーから自家苗栽培

自家栽培の**ランナー（走りヅル）から育苗**するときは、マルチではなく敷藁を掛ける。

イチゴの畝

5. ランナーから苗を育てる

暖かくなるとランナーが伸び始めます。**孫ヅル、ひ孫ツル**が伸びたところでツルを切り、別の畝で孫苗、ひ孫苗を親株に育てる。（親株、子株には病気を受け継いでいる危険があるため）

イチゴの花が咲く

イチゴの収穫

6. 日常的な手入れ

日常的な手入れとしては、傷んだ葉、枯れかけた葉、不要なランナーを切り取り、葉がしっかりして緑の濃い苗を育てる。

病虫害対策

- 春から病虫害対策として、実が色づく頃まで、稀釈した唐辛子エキス（竹酢液も可）を、２週間おき程度で噴霧する。
- カラスなどの野鳥の被害対策として防鳥ネットも効果がある。

カラス除けのネット

アオイ科

オクラ

黄色い花が咲く、ネバネバ健康野菜

夏から秋にかけて黄色の美しい花が咲くオクラは、紅い花が美しいハイビスカスと同じアオイ科です。

美しいだけでなく、繊維質、ミネラル、ビタミンA，B，Cなどの栄養価も高く、独特の青臭い匂いがあるものの、健康野菜としては一級品です。

軽く湯に通して刻むとヌメリが出ますが、このヌメリにこそ整腸作用があり、コレステロールや血糖値を抑える作用があるといわれています。

基本データ

原産地：エジプト

難易度

お手軽　育て易い　やや難

スケジュール

	種蒔き	植付け	収穫
1月			
2月			
3月			
4月	●		
5月	●	●	
6月		●	
7月			●
8月			●
9月			●
10月			
11月			
12月			

〈育苗の基本と栽培のポイント〉

**収穫期には２日に１度は収穫。
夏の成長速度はとても速い。**

オクラの双葉

1. スタート

直蒔きも移植鉢の場合も、**種の皮が硬いので 12 時間ほど水に浸けて白い割れ目**ができれば種蒔きをする。(翌日水に浮いている種は駄目)

2. 低温時は避ける

低温には弱いため、気温が低い期間は種蒔きをしないほうがいい。

3. 種蒔き

確実に発芽させるためは２～３ケの種を同じ場所に蒔く。

4. ハサミで間引

本葉４枚になってから大きい苗を残し、**小さい苗の根元をハサミで切り取り１本立ち**にする。

5. １本立ち

移植鉢から畝に植え付けるときは、１本立ちの状態で移植する。(２本立ちも可ですが、小粒の実になる)

6. 土を落とすと失敗する

２本の苗を分けて移植すると、根の周りの**土が落ちて移植に失敗する**ことが多い。

7. ナス科の代替

苗はいったん根付きすると、生命力旺盛でどんどん伸び始める。(**ナス科の連作障害で苗を抜いた後に**はオクラを植え付ける)

根付けば大丈夫

２本立ちで育てるオクラ

8. 食べごろの大きさ

開花後７～８日ほどで、実の長さが６～８センチがいちばんの食べ頃。

9. 採り忘れは駄目

採り忘れると大きく硬くなりすぎて、食材にはならない。
採らずにおけば翌年の種にすることもできる。

大きくなる前に収穫

オクラの種の入ったサヤ

病虫害対策

- 病気ではありませんが、実にイボイボができたら肥料不足。畝の脇を掘り鶏フン、油カスを追肥する。
- アブラムシが付きやすく、近くをアリが動いていたら要注意。

収穫と保存

- 採り忘れて大きくなったサヤが、白く乾燥した頃ハサミで切り取り、サヤ付きのまま保存し翌年の種にする。

マメ科

スナップエンドウ

この甘味は、きっとクセになる

乾燥保存できるのが実エンドウ。実エンドウの未成熟果をグリーンピース、サヤまで食べられるキヌサヤなどがサヤエンドウ、そしてサヤと実の両方を食べるのがスナップエンドウです（スナックエンドウとも呼んでいたが農水省でスナップエンドウに分類されます）。

人類最古の豆類といわれるほどエンドウ栽培の歴史は古く、ツル有りとツル無しがあります。

ツル有りエンドウは2メートル以上も伸び、童話「ジャックと豆の木」のモデルともいわれています。

基本データ

原産地：中央アジア・中近東

難易度

お手軽　育て易い　やや難

スケジュール

月	種蒔き	収穫
1月		
2月		
3月		
4月		
5月		収穫（翌年収穫）
6月		収穫（翌年収穫）
7月		
8月		
9月		
10月	種蒔き	
11月		
12月		

〈 育苗の基本と栽培のポイント 〉

酸性土壌に弱いこと、連作障害があることを念頭に、畝と支柱の準備をする。

エンドウの芽が出た

1. 土壌の整備

施肥は少なめの有機基本肥料でよいが、**酸性土壌**に弱いので、石灰分だけはたっぷり施す。

2. 連作障害

連作障害が起きやすく、発芽が悪く、芽が出てもツルが伸びないのは連作障害が起きている証拠。

3. 場所を変える

連作障害を避けるためには４～５年エンドウを栽培していない場所を選ぶほうがいいでしょう。

4. 発芽率もたいせつ

古い種は発芽率がおちるため、できるだけ新しい種を蒔く。（冷蔵庫で保管することもできる）

5. 発芽まで遮光ネット

種蒔きの後、野鳥に豆を狙われることがあり、発芽までは発芽（遮光）ネットを掛ける。

6. 霜よけ

気温が高い年や早く種を蒔くとツルが伸びすぎるため、霜よけが必要。

藁で霜除け

7. 1.8～２メートルの支柱

春になるとツルがどんどん伸び、突風で倒されないように、しっかりした合掌組の支柱をする。

8. ハモグリバエの被害

収穫期に葉に網目が入り、白くなるのはハモグリバエが原因。無農薬栽培では有効な対策はいまのところありません。（収穫後にすべて焼却処分する）

花が咲き、実が下がる

２メートル以上に伸びる

ハモグリバエの被害

収穫と保存

- 豆が完熟しサヤが乾燥しきった豆を、翌年の種に使うこともできる。

マメ科

キヌサヤ

（エンドウ）

色といい味といい、品のよさが売り

キヌサヤは若サヤのうちに食べるエンドウ（豌豆）の品種です。

初夏に収穫したキヌサヤを、茹でる、あるいは炒めると、甘味だけでなく鮮やかな緑も美しく、日本料理や中華料理の食材としてよく使われています。

エンドウはどの品種も早蒔きすると、大きな苗のまま越冬するため、寒冷地では寒害にあうことが多いです。

地域の気候変化の状況に応じて、種蒔きの時期を調整します。

基本データ

原産地：中央アジア、中近東

難易度

お手軽　育て易い　やや難

スケジュール

1月	
2月	
3月	
4月	収穫
5月	
6月	翌年収穫
7月	
8月	
9月	種蒔き
10月	
11月	
12月	

〈育苗の基本と栽培のポイント〉

エンドウ系は酸性土壌に弱く連作障害があること。そのための作付け計画を立てる。

新芽から本葉へは速い

1. 有機石灰を撒く

エンドウは**酸性土壌に弱いため、カキ殻石灰を多め**にし、微酸性の堆肥（キッチンコンポスト参照）、油かす少々、完熟鶏糞少々施して畝の準備をする。

2. 4粒点蒔き

マメ4粒で直蒔き（点蒔き）をする。

早めに支柱をたてる

3. 遮光ネットを利用

発芽までの鳥害やネコ、イヌの被害の恐れのあるときは、発芽まで遮光ネットを掛けておく。

4. しっかりとした支柱

エンドウのツルは非常に折れやすいため、本葉の段階で早めに支柱やネットを準備する。

5. 連作障害・霜囲い

発芽がうまくいかないときや、早くから茎が茶色になってきたときは、ほぼ連作障害ですから諦めるしかありません。冬前に草丈が大きく伸びてしまったときは藁やネットで霜囲いをする。

6. サヤごと食べる品種

初夏になり小実がふくらみ始めた頃に、指の爪先やハサミでサヤを採取する。種豆を採取するときは完熟、乾燥まで待つ。

花が咲けば実は確実

食べ頃のキヌサヤ

病虫害対策

- **連作障害が起きやすい**ため、4～5年空けたところで栽培する。（年2回の作付けを記録しておくと便利）
- 春になって葉に白い筋が出てきたら、葉に潜り込んだ**ハモグリバエ**です。体長2～3ミリの小さな虫ですが、よく見ると分かります。
- 放置しておくと苗は弱りますが、その頃はほとんど収穫時期です。（無農薬栽培では対処はほとんど不可能）

マメ科

インゲン豆

花が咲けば、確実に大量収穫できる

中国明朝の時代に、帰化僧の隠元禅師が日本に伝えたというインゲン豆。

メキシコの紀元前5000年頃の洞窟から発見されたというから栽培の歴史は古く、世界の各地で栽培されています。

歴史が古いだけに交配・突然変異の結果、世界で1000以上も種類があります。

大きく分類すれば、若サヤを食べるサヤインゲン系と豆を食べる完熟豆系、ツルあり系とツルなし系があります。

また、夏季に3度も収穫できるので、三度豆とも呼んでいます。

基本データ

原産地：メキシコ

難易度

お手軽　育て易い　やや難

〈 育苗の基本と栽培のポイント 〉

初心者でも失敗することのないマメ科。
収穫量が多いのも魅力になっている。

インゲン豆の新葉

1. 基本肥料を施肥

マメ科は一般的に窒素系肥料を要らないが、**ツルあり系は養分を必要**とするので、しっかり有機基本肥料で畝の準備をする。

2. ツルなしでも支柱

ツルなし系でも実の重さで枝が倒れることもあり、支柱を立て周りの２ヶ所に、**２ヶずつ種を蒔く。**（実が成り始めたら、麻ヒモで倒れないように支柱に結ぶ）

インゲン豆のツルが伸び始める

ツルありインゲン豆

3. 合掌組支柱

ツルあり系は１８０センチ以上の合掌組支柱を準備してから種を蒔く。

4. 敷藁を忘れないこと

ツル無し茎は、花が咲いて実がなる前に、**土の跳ね返りと乾燥を防ぐ**ため、敷藁などを根元に敷く。

5. 若サヤも美味しい

完熟豆は時間がかかるので、若サヤの段階でどんどん収穫していくのもいいでしょう。

6. 若サヤの定番料理

若サヤを、素揚げの煮びたしなどにすると、この時期の逸品になる。

ツルなしインゲン豆

病虫害対策

- 稀にはアブラムシが付きますが、初期の頃ならば手で落とし、唐辛子エキスを噴霧する。

収穫と保存

- 翌年のための種を残すには、いちばん端の枝を乾燥させてから採取することもできますが、狭い家庭菜園ならば無理をすることもないでしょう。

マメ科

モロッコ菜豆

広サヤ系インゲン豆の代表格

（モロッコインゲン）

基本データ

原産地：中南米

難易度

お手軽　育て易い　やや難

スケジュール

月	種蒔き	収穫
1月		
2月		
3月		
4月	●	
5月	●	●
6月	●	●
7月	●	●
8月		●
9月		●
10月		
11月		
12月		

インゲン豆の種類は世界中にいろいろあり、ツルとサヤで分類すると、ツルあり種とツルなし種、丸サヤ種と広サヤ種に分けることができます。

一般的にはツルあり種のほうがサヤも長く大きい。

モロッコ菜豆はインゲン豆の広サヤ種でツルありとツルなしがあります。

適正な成育気温は20度～25度で、夏には2～3回種蒔きできます。

種蒔きからおよそ50日程度で収穫できる速成マメ科です。

〈育苗の基本と栽培のポイント〉

**成長が速く、1シーズンに2～3回、
時期をズラして蒔くと長期間収穫を楽しめる。**

発芽してから中心に支柱

1. 畝の準備

直蒔き畝の準備を、種蒔きの2週間以上前にする。

2. 軽く基本肥料

酸性土壌にやや弱いため、カキ殻石灰を全体に撒き、畝の中程に鶏フン、植物堆肥、油粕少々を混ぜて畝を整える。

白い小さな花が咲く

3. ツルなしでも支柱

写真はツルなしのモロッコ菜豆の発芽。ツル無し種ではあるが、実の重さで倒れるため、**中心部に発芽の後支柱を立てる。**

4. 豆同士が刺激しあって発芽

種蒔きは1ヶ所に4～5粒にすると発芽率が高い。(1粒は失敗例がある）株間隔は30～40センチ程度。**発芽が確実になるまで遮光ネット**を掛けると、鳥の食害を避けることができる。

5. 乾燥と土壌菌対策

発芽後本葉が出るまでに、土壌の乾燥防止と土壌菌防止のための、切り藁やもみ殻を根元に撒くのがいいでしょう。

6. 元気な苗で栽培

しっかりした本葉に成長した頃、密集した苗をハサミで間引きし、3本立ちにする。

根付いた苗

モロッコ菜豆が実る

病虫害対策

- アブラムシがつくことが多く、予防的に稀釈した竹酢液を散布しましょう。
- 葉が急に巻くように縮みはじめたときは、葉の裏にアブラムシが繁殖しています。初期の段階であれば、竹酢液に浸した雑巾で拭き取ると、被害を最小限に留めることができる。

マメ科

熱帯生まれの、高温、乾燥に強い豆

ササゲ

（十六ササゲ）

葉の形もインゲン豆にとてもよく似ていますが、サヤはびっくりするほど長く60センチにも伸びます。

熱帯地域が原産だけあって、高温、乾燥に強く、栽培もしやすい果菜です。夏には開花から10～15日程度で大量収穫できます。

サヤの長さが50～60センチになった若サヤをハサミで切って採取します。

インゲン豆と同じようにゴマ和えや煮浸しにすると美味しく食べられます。

基本データ

原産地：熱帯アジア、熱帯アフリカ

難易度

お手軽　育て易い　やや難

〈 育苗の基本と栽培のポイント 〉

とにかくツルが長く、サヤも長いマメ科。
やぐら組に支柱立てをすると倒れません。

直蒔きの発芽

1. 基本肥料を施肥

栽培畝は鶏フン、カキ殻石灰、腐葉土を混ぜて準備する。

2. 畝幅80～90センチ

一般的に２列に栽培することを考慮し、畝幅８０～９０センチ。

ササゲの花と細いサヤ

3. 種蒔きの前に支柱立

３～４粒を株幅４０センチで点蒔きの直蒔きをしますが、**種蒔きをするまえに支柱を立てる**ほうがいいでしょう。(ツルが伸び始めてから支柱を立てると、支柱立ての作業が困難なため)

4. できるだけ高い支柱

ツルは３メートルにも伸びるため、**支柱の高さは最低でも1.8メートル**が目安になる。

5. 支柱の周りに種豆

種の直蒔きは、支柱の周りに３～４粒蒔きにすると、発芽も早く発芽率も高くなる。

6. できれば間引

４粒全て発芽が成功したときは、できれば元気な苗を２本残し、後は間引く。

7. 最初は誘引

初期段階では、ツルが支柱に巻きつかず、麻ひもで誘引する必要がある。

8. 支柱栽培が基本

誘引を忘れると、地表をツルが這い、葉に泥がつき病気に罹りやすくなりますからご注意。

ツルが伸び始める

ササゲの収穫

枝豆

マメ科

アルコールを分解する、たんぱく質が豊富

ビールの肴やおやつに出てくる枝豆は、未完熟な大豆の若豆のことです。

枝付きのまま鍋や釜で茹でることから、枝豆（エダマメ）の名前が付けられました。

保水力のある土壌を好むので、水田の畦道で栽培されているのをよく見かけます。

アルコールを分解するタンパク質やビタミンA，アミノ酸、糖分のバランスがいい健康食品として注目されています。

昼夜の温暖格差のある地域では良質多収となり、「丹波黒豆」などが有名です。

基本データ

原産地：中国

難易度

お手軽　育て易い　やや難

スケジュール

1月	
2月	
3月	種蒔き
4月	種蒔き
5月	種蒔き
6月	
7月	収穫
8月	収穫
9月	
10月	
11月	
12月	

〈 育苗の基本と栽培のポイント 〉

**豆が美味しくなった頃に虫がつきます。
少し前から竹酢液で対処する。**

双葉から本葉へ

1. ポリ鉢、直蒔どちらも可

ポリ鉢で発芽、育苗させるか、菜園で直蒔き栽培にする。

2. 肥料は軽めに

マメ科の栽培畝には**有機基本肥料を軽く施し**ておく程度でいいでしょう。

根付いた苗

枝豆畝

3. 2本立て栽培

ポリ鉢、直蒔のどちらの場合も種3～4ヶ蒔き、本葉2枚でしっかりした苗を2本残し間引きする。

4. 野鳥が大敵

種蒔き直後に鳥害にあうことがあり、**防鳥ネットを掛ける**ほうが無難です。

5. 保水力のある土壌

本葉が出て、花が咲く頃まで、灌水のほかはあまり世話はいりません。（土壌の乾燥には弱い）

6. 土寄せ

花が咲くまでに**1～2回の土寄せ**をすると苗が倒れません。

7. 収穫のタイミング

実のふくらみが目立ち、サヤを押さえると子実が飛び出すころが収穫時期になります。

枝豆の収穫

枝豆の根粒菌

病虫害対策

- 発芽直後にナメクジの害にあうことがあるので、日当たりのよい場所で栽培することや、ビールトラップで対応することで対処。
- サヤがふくらみ始める頃から虫がつくため、唐辛子エキス（竹酢液）20～30倍液を噴霧して防虫する。

マメ科

空豆

空に向いていたサヤが、下を向いたら食べ頃

豆のサヤが空に向いて成長していくので空豆。

地域によっては、一寸豆、おたふく豆、野良豆、天豆とも呼んでいます。

草丈70~90センチに伸び、春に咲く可憐なうす紫の花が美しい。

タンパク質、カルシウムを多く含んでいるのが特徴です。

サヤごと焼いて食べることもできますが、豆を取り出して塩茹でや、揚げて塩ふりで食べます。

また、煮物や炒め物、スープなどにも利用されています。

基本データ

原産地：北アフリカ

難易度

お手軽　育て易い　やや難

スケジュール

月	作業
1月	
2月	
3月	
4月	
5月	収穫（翌年収穫）
6月	収穫（翌年収穫）
7月	
8月	
9月	
10月	種蒔き
11月	
12月	

〈 育苗の基本と栽培のポイント 〉

**空を向いたサヤが下垂れしたときが収穫。
土寄せと支えが必要になる。**

空豆の発芽

1. 施肥は軽め

種を蒔くときは有機基本肥料を少なめで畝を準備する。

2. おはぐろを斜下

種は黒いおはぐろを斜め下にむくように、４センチの深さに蒔く。

3. 寒害に注意

気温が高い時や元肥が多いと成長が速すぎて、寒害にあうことがある。

晩秋に本葉

薄紫の花

4. 寒肥をする

春先に成長するように、鶏フンなど寒肥を忘れずにする。

5. 春にぐっと伸びる

春になると急激に草丈が伸びて倒れることもあり、１～２回土寄せをする。

6. 上部を刈り取る

それでも倒れそうな時には、茎の上部を刈り取る。（上部の花はほとんど実がつきません）

7. 豆の重さで倒れる

大量に豆ができたときには、**畝の両側から支柱やロープで支え**をする。

倒れないようロープ

ふっくらした美味しい空豆

8. 収穫のタイミング

サヤに**光沢が出て、下垂れした（実が入った）豆から収穫**する。

病虫害対策

- 春に暖かくなるとアブラムシが付くことがある。
- 唐辛子エキス（竹酢液）で早めに予防噴霧しておく。

収穫と保存

- 完熟した豆を乾燥させ、翌年の種にも利用できる。

黒くなったサヤを乾燥させ種豆に

マメ科

落花生

（ピーナッツ）

ちいさな豆一個から、百倍の豆が収穫できる

基本データ

原産地：アンデス山脈

難易度

お手軽　育て易い　やや難

スケジュール

月	作業
1月	
2月	
3月	
4月	
5月	種蒔き
6月	種蒔き
7月	
8月	
9月	収穫
10月	収穫
11月	
12月	

別名・南京豆と呼ぶように、世界の生産量のトップは中国。

日本の生産量トップは千葉県で特産品ともなっています。

植え付け豆の数十倍の収穫量のうえ、栄養価も高いのが特徴です。

とりわけ油脂が多く含まれているため、ピーナッツ油が製造され、サラダ油、マーガリン、ピーナッツバターの原料となっています。

ピーナッツを食材にした料理は多くありませんが、調理法は、炒めても、茹でても、揚げてもよし。

味付けも塩味、バター味、味噌味などバリエーション豊富です。

〈 育苗の基本と栽培のポイント 〉

肥料も少なめで、１株で百ヶ以上の収穫。
手間のかからない果菜です。

1. 畝の準備

落花生の畝には、石灰分だけはたっぷり施し、野菜の後作ならば元肥はほとんど要りません。(窒素系肥料が多いと、サツマイモと同じようにツルボケの原因となる)

2. 株間隔をあける

苗は２本立て（二粒)、１条で育てますが、子房が大きく伸びますので、畝幅は最低７０センチ、株間隔５０センチ以上を確保する。

3. 必ず土寄せ

草丈３０～４０センチの頃に、株元に必ず１０～１５センチ土寄せする。(開花後に土寄せした部分に子房のツルが伸びて豆が成る)

4. 端の苗を試し掘り

完熟はサヤの網目がはっきりして肥大した頃ですが、外からは見えません。(試し掘りをして、まだ未完熟ならばサヤのまま茹で、軽い塩味でおやつにするのもいいでしょう)

植え付け後敷藁

本葉が出る

落花生の花

皮つきのまま茹でる

収穫期の落花生

収穫と保存

- 葉が少し黄色くなり完熟が確認されたところで、枝付きのまま掘り起こし、菜園で２～３日ほど天日干しする。
- 枝からサヤを外し、サヤつきのままの豆をネットなどに入れ、雨のかからない処で保存し、必要に応じて食べる。
- 丸々と太った豆を、翌年の種豆として別に保管しておく。

column

有機菜園豆文庫 1

動物性堆肥

鶏フン、牛フン、豚フン、馬フンなどの動物性堆肥。いちばん速効性があるのは鶏フン、ゆっくり効くのが牛フン。いずれの動物性堆肥も、完熟発酵済みのものを施肥すること。樹皮クズやオガクズを混ぜただけの未完熟堆肥は、無害昆虫だけでなく有害虫の大量発生の原因にもなる。また、発酵ガスにより根や新芽に悪い影響がでる。

未完熟堆肥

動物性であれ植物性であれ、完熟発酵していない堆肥は、害虫の大量発生源になることが多い。また、水分が多いときには、発酵菌よりも腐敗菌のほうが大量増殖し、きつい腐敗臭を放つ。未完熟堆肥から発生する亜硝酸態窒素は、野菜の根から吸収され、人体にも有害とされている。

有機石灰

牡蠣（カキ）殻石灰、骨粉など。動物性の有機石灰であるため分解も速く、なによりも土壌を傷めない。野菜の成育に必要な多種の養分を含み、甘味も増す効果がある。カキ殻石灰は有機栽培にとって必須の石灰肥料。（菜園マニュアル参照）

接ぎ苗栽培

とくに連作障害を起こしやすい夏の果菜類の栽培方法。連作障害や病害虫に強い別の台木に、栽培する苗を接いだ接ぎ苗で栽培すると、失敗は少なくなります。トマトをはじめとしたナス科野菜や、スイカ（台木はユウガオ、カボチャなど）などは連作障害に弱いため、値段は少々割高ですが接ぎ苗をお勧めします。ただし、接ぎ苗で育てた果菜は、表皮が少し硬くなる傾向がある。

植物性堆肥

腐葉土（堆積して土状になった広葉樹の葉）、樹皮（バーク）堆肥、発酵油カス、コンポスト堆肥、剪定チップ堆肥など。植物性堆肥も完熟発酵の堆肥であることがたいせつ。植物性堆肥は、土壌の保水性、通気性、排水性、保肥生の効果がある。ただし、剪定チップ堆肥には未完熟のものが多く、畝の表面の乾燥止めや、雑草止めにするほうがいい。

モミ殻くん炭

モミ殻を蒸し焼きにしたもの。弱アルカリ性であるから、堆肥と共に施肥すると、腐敗菌などの殺菌効果がある。畝の表面に掛けると、土壌の保温効果もあり雑草止めにもなる。くん炭のアルカリ性を利用した堆肥が、本書でお勧めするキッチンコンポスト。（菜園マニュアル参照）

連作障害

同じ土壌で同一系の野菜を、毎年連続して栽培すると起きる病気。連作障害には、特定の野菜の天敵となるカビやウィルスが、土壌中に増殖して起きる場合と、土壌養分のバランスが崩れることで起きる生理障害がある。生理障害の例としては、石灰分が少ないと起きる大玉トマトの尻腐れ病、石灰分が多いと起きるジャガイモの斑点病（ソウカ病）。ナス科などの連作障害を起こした苗は、消石灰液を注入しても回復の見込みはあまりありません。オクラなど別の科の野菜を植え直すほうが無難です。

第二章

葉茎菜《ようけいさい》

Youkeisai

Leafy vegetables

アブラナ科

キャベツ

日本人が好きな、独特の甘味がある

日本人に愛されている野菜のトップが大根、2番目にキャベツです。

揚げ物の付け合わせにはもちろん、サラダ、煮物、炒め物、漬け物といろんな料理に登場する万能野菜です。

本格的な栽培は明治以降ですが、愛される理由はいくつかあります。

他の野菜にはない甘味があること、栽培の手間暇が少なく収穫量が多いこと、ビタミン、ミネラルなど栄養豊富で、農薬さえ使わなければ健康野菜としては申しぶんないことなどです。

基本データ

原産地：地中海沿岸

難易度

お手軽　育て易い　やや難

スケジュール

〈育苗の基本と栽培のポイント〉

アオムシ対策（捕虫・防虫ネット、天然液）をしっかりすれば、栽培は比較的かんたん。

点蒔きと発芽

1. 直蒔き栽培

直蒔きは写真のように４～５粒程度の点蒔きで、遮光（発芽）ネット、もしくは濡れ新聞紙を掛けて発芽させる。

2. 株間隔は広いほどいい

株間隔は白菜に比較すると狭めで３０～４０センチ。

間引いて１本立ち

3. ガレージや庭で育苗

ポリ鉢で育苗するには、育苗箱で筋蒔きし、本葉２～３枚で移植する。

4. 間引きはハサミで切る

直蒔きは、本葉が重ならない程度に間引きして、本葉４枚で１本立ちにする。

結球し始める頃

5. 晴天の日の移植は避ける

曇天の日ならば、灌水してから移植もできる（根に土を付けたまま移植する）。

6. 結球の時に追肥

栽培畝は最初に牛フンを中心とした有機基本肥料をたっぷり施し、結球はじめに鶏フン、油カスを追肥する。

病虫害対策

- キャベツ系の最大の害虫は**アオムシ（モンシロチョウ）**。
- 種蒔きの時から防虫ネットを掛けるほうが無難。
- 気温が下がる冬季になれば、モンシロチョウもいなくなるが、２月頃からヒヨドリなどの野鳥。に襲われることが多いので、ネットを掛けたままのほうが無難。
- ナメクジ、ヨトウムシの対策もかねて、時々根元を中心に唐辛子エキス（竹酢液）を噴霧する。

アブラナ科

紫キャベツ

なんといっても見栄えのいいサラダに！

（紅甘藍）

基本データ

原産地：地中海沿岸

難易度

お手軽　育て易い　**やや難**

スケジュール

月	種蒔き	翌年収穫
1月		
2月		●
3月		●
4月		●
5月		
6月		
7月		
8月	●	
9月	●	
10月		
11月		
12月		

葉ボタン（花キャベツ）とよく間違われますが、葉ボタンは食用キャベツではなく観賞用ケールの一種です。

紫キャベツは結球する食用野菜で、その彩り美しさから野菜サラダには大人気の食材です。

キャベツ全般に含まれるビタミンCやビタミンUはもちろんのこと、紫色素のアントシアニンが豊富なことから健康野菜としても注目されています。

また、キャンディーやゼリーの着色材やPH指示薬としても利用されています。

〈 育苗の基本と栽培のポイント 〉

**ふつうの緑キャベツと比較すると、
苗の成長がにぶく、結球もやや小さい。**

苗の茎が紫色

1. 秋蒔きキャベツ

春蒔きもあるが、トウ立ちや害虫被害を考慮すると、**秋蒔きが無難。**

2. 寒さが甘みを増す

冬から春にかけて収穫するキャベツが、いちばん甘味を蓄えている。

3. 高原キャベツ

暖かい時期に出回るキャベツの多くは、冷涼な気候で育てた高原キャベツが多い。

4. ポリ鉢、直蒔き、どちらも可

育苗ポリ鉢でまず育てる方法と、畝に点蒔きで直蒔きする方法がある。

5. 株間隔に注意

成長時の大きさを考えて、種蒔きや植え付けの株間隔を３０～４０センチにする。

6. ハサミで間引き

４粒の点蒔きの場合、本葉４枚になってから、間引き２本立てにする。

7. 慎重に間引き

早く間引きすると、**幼苗はネキリムシなどの食害**（根もとへの竹酢液の散布葉効果的）にあうことがあるため、茎がしっかりしてから１本立ちにする。

8. 軽く追肥

葉が茂り始めた頃、畝の脇を掘り起こし、軽く鶏フンを追肥する。

防虫ネットのまま育てる

紫の葉が茂りはじめる

紫キャベツの収穫

9. 大きさはややこぶり

緑キャベツと比較すると、結球が遅く、小ぶりである。

病虫害対策

- アブラムシとアオムシ（モンシロチョウ）が付きやすいやすいため、霜が降りる頃まで嚢中ネットを掛けたほうがいい。
- アブラムシが付いたときは、**竹酢液に浸した雑巾で拭き取る**と効果的。
- アントシアニンなどの成分によると考えられるが、**緑キャベツと比較すると害虫が付きにくい。**
- 紫キャベツに付いたアオムシはよく見えるので、小まめに捕虫をする。

アブラナ科

芽キャベツ

（子持ちキャベツ）

シチューの具材には、是非欲しい

ゴルフボールのような緑の球が、茎全体に結球するキャベツの変種です。

順調に成長すると、茎が80センチにも伸び、その脇芽に50コほど結球するので、「子持ちキャベツ」の別名があります。

栄養価はキャベツとほぼ同じですが、ビタミンCだけは3倍の優れ野菜です。

料理には、茹でる、和える、煮る、炒める、生食サラダなど多種多彩ですから、家庭菜園の楽しみが、いちだんと増すこと間違いありません。

基本データ

原産地：ベルギー

難易度

お手軽　育て易い　やや難

スケジュール

月	作業
1月	収穫
2月	収穫
3月	収穫
4月	
5月	
6月	
7月	種蒔き
8月	
9月	植付け
10月	
11月	収穫
12月	収穫

〈育苗の基本と栽培のポイント〉

茎が80センチ以上になるため、防虫ネットによるアオムシ対策は無理。丁寧な捕虫と天然液の噴霧で対応しましょう。

芽キャベツの植え付け

1. 購入した苗でもOK

真夏の種蒔きが難しいので、家庭菜園では**購入苗の植え付け**から始めるほうが無難かもしれません。

2. 追肥も必要

収穫期間がかなり長いため、元肥に基本有機肥料をたっぷり施した畝を準備する。脇芽が出た頃から油カス、カキ殻石灰を時々追肥して、苗をしっかり育てる。

茎が伸び始める

3. 畝の湿度を保つ

夏から秋の高温乾燥の時期には敷藁、灌水を忘れないこと。

4. 支柱は必要

草丈が風に揺れるような高さに成長した頃、斜めに支柱を差し込み、麻ヒモで軽く留める。

5. 老化の葉を取る

脇芽の結球が始まり次第、**下部の老化した葉から切り取り**をはじめる。太陽の光を当てて成長を促し、風通しをよくする。(上部の葉が10～12枚程度あれば大丈夫)

結球し始めたら下葉をとる

6. 順次収穫

ゴルフボール大になった結球から順次収穫していくと、ほかの結球を早める。

病虫害対策

- 病害虫には強いほうですが、苗がしっかり育つまでは、キャベツ系の**天敵アオムシ対策**もかねて防虫ネットを掛ける。
- 時々ヨトウムシが付くこともあり、葉にフンが付いていないか注意する。フンを発見したら、まずは捕虫。葉の巻いた部分や敷藁の下に潜んでいることが多い。
- ヨトウムシを確認後、根元の土に5～10倍稀釈した唐辛子エキス(竹酢液)を噴霧する。

アブラナ科

ブロッコリー

ビタミン豊富で、数回収穫できるのが魅力

茹でると鮮やかに変身した緑が食欲をそそります。

カリフラワーと比較すると、栄養価が高く、とりわけビタミンCが豊富な緑黄色野菜です。

カリフラワーは1回の収穫で終わりますが、収穫期間が3ヶ月以上と長く、一番成りの花蕾を収穫した後も、脇芽が伸びて小ぶりの花蕾がどんどんできます。

料理法もサラダはもちろんのこと、和え物、炒め物、天麩羅、シチューなど、和洋食、中華といろんな料理を楽しめます。

基本データ

原産地：地中海沿岸

難易度

お手軽　育て易い　やや難

スケジュール

1月
2月
3月
4月
5月
6月
7月
8月
9月
10月
11月
12月

種蒔き　植付け　収穫

〈 育苗の基本と栽培のポイント 〉

野菜市場にならぶのは一番成り。家庭菜園では、追肥によって、二番成り、三番成りが楽しめる。

苗の植え付け

1. 種から育苗

バラ蒔きや筋蒔きで種を蒔き、本葉４～５枚まで育てる。

2. 長い収穫期間

収穫期間が長いため、有機基本肥料をたっぷり施した畝を準備する。

3. 株間隔をあける

本葉４～５枚で、収穫時の大きさを考慮して株間５０センチで移植する。

4. アオムシはキャベツ系が好き

植え付け時は気温も暖かく、アオムシが付きやすいため、防虫ネットを掛けた方がいいでしょう。

根付けは成功

5. 必ず支柱を準備

草丈３０～４０センチで、**根元に斜めに支柱を打ち込み、麻ヒモで留める。**（収穫時にはかなりの重量の大きさになり、風で倒れることが多い）

6. 一番成りの後に追肥

一番成りを収穫した後、畝の脇を掘り返して鶏フンを追肥すると、**脇芽に花蕾**がつき、より長く良質のブロッコリーを収穫出来る。

風に弱いため支柱

小さな花蕾ができた

脇芽のブロッコリー

病虫害対策

- 寒くなるまでは、特にアオムシ対策として防虫ネットを掛ける方が無難。（モンシロチョウがいなくなれば、ネットをはずしても大丈夫）
- ２月頃からヒヨドリなどの野鳥に襲われるため、防鳥ネット（防虫ネットも可）を掛ける。（１日で芯を残して丸坊主になることもある）

アブラナ科

茎ブロッコリー

（スティックセニョール）

茎ごと食べる変わったブロッコリー

基本データ

原産地：地中海沿岸

難易度

お手軽　育て易い　やや難

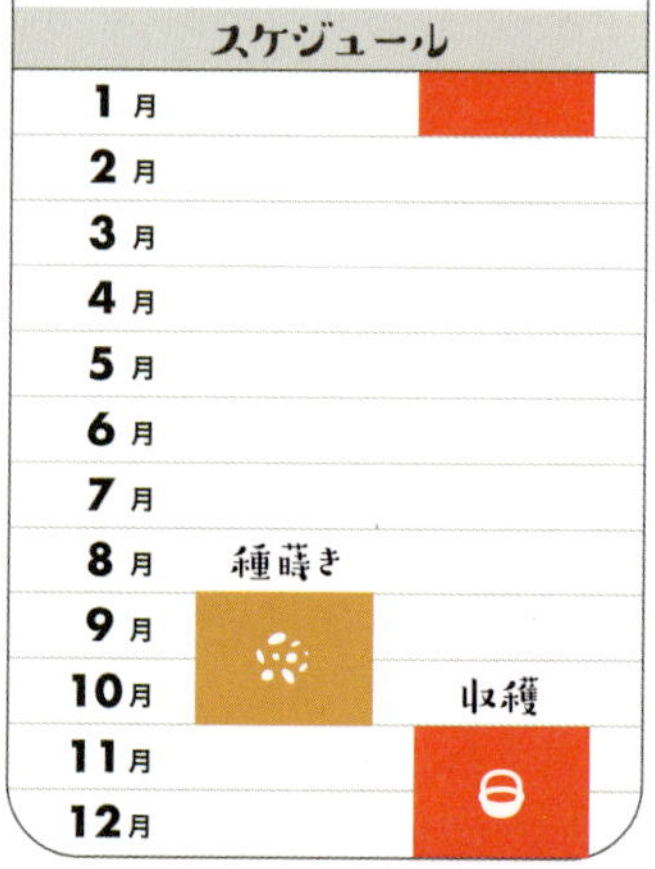

茎ブロッコリーは柔らかい若茎が長く伸び、茎ごと食べるブロッコリーの変種です。

花蕾は小さく、サラダや炒め物、シチューなどによく使われます。とくにビタミンC、β—カロテン、カルシュウムをたっぷり含んだ健康野菜として注目されています。

発芽から収穫（移植から50～60日で収穫）までの期間が短く、初心者がプランター栽培もできる育てやすい野菜です。

〈育苗の基本と栽培のポイント〉

**最初の花蕾を早めに取ることがポイント。
あとはどんどん脇芽が出ます。**

1. 種蒔きからスタート

牛フン、腐葉土、カキ殻石灰を混ぜた土で、**ポリ鉢もしくは苗床（筋蒔き）で種蒔き**をする。

2. 種の３倍強の覆土

種の大きさの３倍の覆土を砂通しで掛け、**土を種に密着**させる。

3. 遮光ネットを掛ける

種蒔き後の水遣りは、**種が浮いたり跳ねないように、遮光ネットを掛け**た上からジョウロでゆっくり掛ける。

4. 密集部を間引く

発芽を確認してから遮光ネットをはずし、密集部分を間引きしておく。

5. 稀釈した竹酢液

本葉５～６枚で移植。害虫対策として稀釈した**竹酢液を葉の裏を重点に噴霧**する。(防虫ネットを掛けると効果は倍増)

発芽成功

筋蒔きで育苗

6. ２週間以上前に畝作り

本葉５～６枚になるまでに、有機基本肥料を施した畝を２週間以上まえに準備しておくと根つきのためにはいいでしょう。

7. 排水のいい畝

ブロッコリーは**水分が多いと根腐れを起こしやすい**ため、**移植畝は排水のいい状態**に準備しておくこと。

8. 斜めの支柱

根もとの茎より上部の茎が太く重くなるため、根つきがしっかりした頃、**倒れないように斜めの支柱**をする。

9. 最初の花蕾を取る

脇枝をたくさんだすために、**最初の花蕾は３センチの大きさで摘芯**することが大事。

移植と支柱

10. 肥料切れに注意

脇枝に花蕾がつきたくさん収穫した後は、**鶏フンなどを追肥**しないと、肥料切れで弱ってきますから注意しましょう。

収穫した茎ブロッコリー

病虫害対策

- ブロッコリーをはじめ**キャベツ系アブラナ科はモンシロチョウ（アオムシ）の**大好物。モンシロチョウが飛んでいる間は防虫ネットを掛けるほうがいいでしょう
- **ヨトウムシは夜間に葉や幼苗の根もとを食べ**、大きくなると竹酢液もあまり効果がありません。**昼間は根もとの土や花蕾の中に隠れ**ますので、**点検しながら捕虫**するのがいちばん。また、**米糠トラップ**を仕掛けて捕虫し被害を最小限にすることがたいせつです

アブラナ科

カリフラワー

（花野菜）

色の美しさと、上品な味わいが人気

突然変異の順からいえば、ケール↓キャベツ↓ブロッコリー↓カリフラワー。

ブロッコリーの突然変異で白化したものだけに、とくにビタミンCが豊富で鉄分、タンパク質も多く含まれています。

薄いクリーム色の花蕾は味も淡白なことから洋食、和食、中華といろんな料理の食材になります。

残念なのは、ブロッコリーと違って苗1本につき1個しか収穫できないことです。

基本データ

原産地：地中海沿岸

難易度

お手軽　育て易い　やや難

スケジュール

月	作業
1月	
2月	
3月	
4月	
5月	
6月	
7月	
8月	種蒔き
9月	植付け
10月	
11月	
12月	収穫

〈 育苗の基本と栽培のポイント 〉

害虫（ヨトウムシ）対策が大切。花蕾の中に喰い込み外からは見えません。ヨトウムシの糞が落ちていないか常に注意。

バラ蒔きで発芽

1. 種が小さいときはバラ蒔き

種はバラ蒔きし、発芽までは濡れ新聞紙を掛ける。（筋蒔きも可）

2. 日差しが強いときはネット

発芽後に芽の詰まったところを間引きし、強い日差しを避けるため遮光ネットを掛ける。

3. 本葉5〜6枚で移植

本葉５〜６枚で、有機基本肥料を施した畝に移植する。

苗の植え付け

4. 葉丈はキャベツよりも大きい

葉はキャベツより大きくなるため、植え付け間隔は５０センチ程度にする。

5. 初秋は水遣りも大切

気温が高い間は、敷藁をして灌水を忘れないようにする。

6. 黄ばみを防ぐ

花蕾がテニスボール大になったところで、日焼けの黄ばみを防ぐために**外葉を取って花蕾に掛ける。**

葉が茂りはじめる

7. 15 〜 18 センチが食べ頃

直径１５〜１８センチ頃が食べ頃。（**花蕾が盛り上がる**）

8. 美味しいうちに食べる

収穫が遅れると、色が変色し始め風味もおちる。

あと暫くで収穫できる

収穫したカリフラワー

病虫害対策

- 移植時から防虫ネットを掛け、寒くなる１２月まで掛けたままにする。
- 発芽時から稀釈した唐辛子エキス（竹酢液）を噴霧しながら苗を育てる。
- ヨトウムシ(米ぬかトラップ)、アオムシ(防虫ネット)、ナメクジ(ビールトラップ)対策をする。
- ヨトウムシが花蕾の中に食い込んでいるかどうかは、糞で判断できる。

アブラナ科

白菜

病虫害には弱いが、有機栽培の味は抜群

冬野菜のなかでも大根、キャベツに次いで消費量が多い白菜。

その繊維質のやわらかさと淡白な甘みは、鍋料理や漬けものには欠かせません。

ところが、白菜には秋の害虫たちが全員集合するため、無農薬栽培のなかでもいちばん難しいのです。

害虫による食害と、そのキズから侵入する病原菌被害で、栽培をあきらめる菜園者もいます。

この病虫害の被害を最低限に抑えるには手間暇はかかりますが、丁寧な病虫害対策をしながら育てるしかありません。

基本データ

原産地：中国

難易度

お手軽　育て易い　やや難

スケジュール

月	作業
1月	収穫
2月	
3月	
4月	
5月	
6月	
7月	
8月	種蒔き
9月	種蒔き
10月	植付け
11月	収穫
12月	収穫

〈 育苗の基本と栽培のポイント 〉

本葉4～5枚で曇天の日に移植する。
早採り品種なら種蒔きから60～80日で収穫できる。

種蒔き後の新芽

1. 土の天地返し

種蒔きの15日以上前に、栽培予定地にカキ殻石灰を撒き天地返しをしておく。

2. 牛フンを中心に

畝には追肥の必要がないように有機基本肥料をたっぷり施肥する。

3. 気温に注意

猛暑のあいだは種蒔きを避ける（早蒔きには注意）。直蒔きは3～4粒で点蒔きする。

4. 畝幅を広く

白菜の根はキャベツと異なり横に伸びる。種蒔き間隔は50センチ程度。

5. ネットの利用

種蒔きと同時に遮光ネットをベタ掛けし、発芽までジョウロで潅水する。（遮光ネットをしないで、最初から防虫ネットでトンネルカバーをしてもよい）

最初から防虫ネットは必要

6. 稀釈液を噴霧

発芽と同時に発芽ネットをはずし、唐辛子エキスや竹酢液の300～400倍稀釈液を噴霧し、**防虫ネットのトンネル**を掛ける。

7. 1本立ちの苗

本葉になったところで間引きを始め、本葉4～5枚で一本立ちにする。

1本立ちの苗

8. 秋のあいだは1週間に1回

本葉から唐辛子エキス100～200倍稀釈液を徐々に濃くしながら噴霧する。

9. ネットは台風対策にも

防虫ネットは台風の強風対策にもなり、霜が降りるまではずさない。

10. 最後まで手間をかける

結球し始めた頃からは、唐辛子エキス10～100倍稀釈液を噴霧する。

結球直前の白菜

病虫害対策

- **シンクイムシ、アオムシ（モンシロチョウ）、アブラムシ、ヨトウムシ、ナメクジ**など白菜を好む害虫が多いため、**防虫ネット**と**唐辛子エキス（竹酢も同効能）**は欠かせない防虫基本対策。
- シンクイムシは最初の本葉に付くため唐辛子エキスの噴霧が大事。（この時点で苗のシンを食べられると栽培は絶望的、ほとんどが奇形になり結球もしない）
- モンシロチョウは隙間から入らないようしっかりネットを留める。
- アブラムシは葉の裏につくため丁寧に唐辛子エキスを噴霧する（アブラムシのついた葉は取り除く）
- 結球し始める頃からヨトウムシ（**米ヌカトラップ**で対策）、ナメクジ（**ビールトラップ**で対策）が忍びよる。
- 結球し始める頃に、葉を開きヨトウムシ、ナメクジの有無を確認し、侵入していたら捕虫し唐辛子エキスを噴霧しておく。

アカザ科

ホウレン草

冬採りの甘味がセールスポイント

豊富なビタミンと鉄分、カルシュウムなどミネラルたっぷりの健康野菜です。

葉が大きくて厚い西洋系は、あくが強いためバター炒めなどが美味しい。いっぽう次郎丸など葉が小さくノコギリ状の東洋系は甘味があり、和えもの、おひたしなどの日本料理にピッタリ。どちらも結石の原因となるシュウ酸を含んでいるため、サラダよりも加熱料理のほうが無難です。

高温に弱く、耐寒性が強いので、露地栽培では秋蒔き冬採りが一般的です。

基本データ

原産地：コーカサス

難易度

お手軽　育て易い　やや難

スケジュール

月	種蒔き	収穫
1月		
2月		
3月		
4月		
5月		
6月		
7月		
8月		
9月	種蒔き	
10月	種蒔き	収穫
11月		収穫
12月		収穫

〈 育苗の基本と栽培のポイント 〉

**酸性土壌の中和がなによりもの
栽培ポイントです。**

遮光ネットを掛ける

1. 水に浸してから種蒔き

種蒔きの留意点は、１晩水に浸してから種蒔きをする。もしくは湿ったタオルにくるみ発芽しかけた頃に種蒔きする。

2. 耐病品種を選ぶ

無農薬で栽培するには耐病品種を選ぶことも必要。

3. 酸性土壌を嫌う

酸性土壌を極端に嫌うため、キッチンコンポストで作った堆肥（モミ殻くん炭はアルカリ性）とカキ殻石灰をたっぷり施した畝を準備する。

4. 種は筋蒔き

排水が悪い畝は病気をよぶため、畝を高くし表面を平らにしてから筋蒔きする。

新芽が出る（追加石灰）

本葉から少しずつ間引き

5. 排水のよい畝に

種蒔き時期が台風シーズンに重なることから、溝の水が逃げるようにしておく。

6. 間引きながら育苗

風通しをよくするためにも大きいものから間引きしながら収穫していくことも必要。

7. 強い日差しは苦手

高温が続く気候のときは、遮光ネットを掛けて太陽の光を和らげる。

ホウレン草の畝

ホウレン草の収穫

病虫害対策

- 葉が黄色くなるのは土壌が酸性のためですから、中和した土壌で蒔き直したほうがいいでしょう。
- 葉が黄褐色になるベト病は、排水の悪い土壌で起こりやすい。

アカザ科

サラダホウレン草

（赤軸・緑軸）

成長のスピードが速いサラダ専用種

アクが少ないホウレン草の品種です。

結石の原因となるシュウ酸も少なく、アクもほとんどないので、サラダにすると美味しく、サラダホウレン草（葉脈の色により赤軸系と緑軸系あり）と呼んでいます。

ほかのサラダ菜に比較して、根張りもよい品種で収穫量も多いのが特徴。近年ベランダやサンルームでのプランター栽培も盛んです。

草丈が伸びて大振りになると少し硬くなりますから、そのときはおひたしやバター炒めでどうぞ。

基本データ

原産地：コーカサス

難易度

お手軽　育て易い　やや難

スケジュール

月	種蒔き	収穫
1月		
2月		
3月		
4月	●	
5月	●	●
6月		●
7月		
8月		
9月	●	
10月	●	●
11月		●
12月		●

〈 育苗の基本と栽培のポイント 〉

**大きくなりすぎるとアクが強くなります。
早めに収穫してサラダに。**

ロープを張り筋蒔き

1. 畝作りに注意

畝づくりは牛フンを中心にした有機基本肥料に、カキ殻石灰、もしくは苦土石灰をたっぷり施して準備。

2. 酸性に弱い

ホウレン草は、**酸性土壌に極めて弱い**ため、必ず石灰で酸度を中和することがたいせつ。

3. 発芽しやすくする

確実に発芽させるには、写真のように、１２時間ほど水に浸してから、種蒔きをすると大丈夫。（濡れタオルの間で湿らせるのも可）

4. 高温時の種蒔きは避ける

発芽の適温は２５度が目安。夏の暑い時期の種蒔きは避ける。

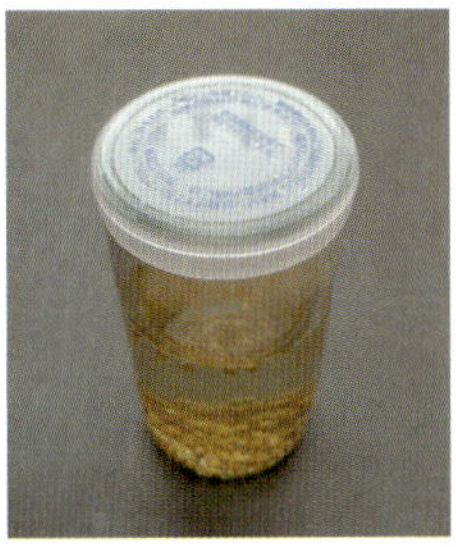

１２時間水に浸す

発芽すれば取りあえず大丈夫

5. 密集しないようにする

筋蒔きにしますが、厚蒔きにならないように注意する。

6. 発芽後の水遣り

発芽後、本葉がしっかりするまでは、土壌のしっとり感を保つために、水遣りを忘れないことも肝要。

7. 間引葉をサラダに

収穫をしなければ、葉が混み合います。密集部分を間引きし、**早目にサラダ**にするのがいいでしょう。

8. 25 センチまでに収穫

サラダホウレン草としての食べ頃は、**草丈２５センチが目安。**

9. 大きくなりすぎたときは

葉丈が伸びすぎ、硬くなり始めたときは、一般のホウレン草と同じように、おひたし、和え物やバター炒めにする。

混み合ったホウレン草

緑軸ホウレン草

病虫害対策

- 害虫被害はほとんどありません。葉の色が黄変しているときは、土壌が酸性化していると判断してください。

アブラナ科

小松菜

失敗も少なく、手間いらずの健康菜

基本データ

原産地：日本

難易度

お手軽　育て易い　やや難

スケジュール

月	種蒔き	収穫
1月		
2月	種蒔き	
3月		収穫
4月		
5月		
6月		
7月		
8月	種蒔き	種蒔きから1ヶ月～3ヶ月後
9月		
10月		収穫
11月		
12月		

「コマツナ」の名の由来は、江戸川区小松川の地名であることは有名です。春夏秋冬、春採りから冬採りまで収穫できる周年野菜ですが、別名「冬菜」「雪菜」とも呼ぶように、栄養価の高い旬は冬。

ホウレン草と比較してもビタミンB、カルシュウムが豊富ですが、しおれるとビタミンCが破壊され日持ちしないのが弱点です。

間引きしながら収穫、おひたし、味噌汁、鍋物、炒め物、和え物などを楽しむことができます。

〈 育苗の基本と栽培のポイント 〉

**種蒔きから収穫までが速い葉もの野菜。
早めの収穫がいちばん。**

1. 畝の高さは20センチ

有機基本肥料を施して、畝の高さは２０センチ程度。（ほとんどの葉ものの標準）

2. 遮光ネットを掛ける

筋蒔き、もしくはバラ蒔きし、遮光ネットを掛ける。（プランター栽培の場合は濡れ新聞）

3. 暑さ寒さ嫌いな周年野菜

周年野菜ではあるが、**夏場の暑い時期と冬場の寒い時期はは種蒔きを避ける。**

4. 早めに間引き

発芽後密集しすぎていたら、本葉２～３枚の頃に間引きしておく。

5. 移植には注意

本葉４～５枚で、曇天の日に移植することもできる。

発芽直後

曇天の日に移植

小松菜の畝

6. 速成野菜

短期収穫野菜の代表格で、とくに秋蒔きは１ヶ月単位で種蒔きし、なんども旬の味を楽しむことができる。

7. 大きくなりすぎないよう注意

収穫しないで放置すると草丈５０センチにもなるが、アクが強くなり美味しくありません。

8. 寒冷紗やビニールトンネル

寒い地域では冬季に寒冷紗や穴あきのビニールトンネルで栽培するありません。

小松菜の収穫

病虫害対策

- 連作障害に強く、かなりの連続栽培に耐える。

キク科

春菊

（菊菜）

鍋料理には絶対欠かせません

秋から冬が旬の野菜ですが、春に花を咲かせるキク科の野菜なので、春菊（シュンギク）と呼んでいます。

香りがよく食欲をそそる鍋料理の定番食材です。

間引き菜はおひたし、和え物によく、葉が大きくなれば天麩羅もよし。

ビタミン、ミネラル豊富な健康野菜ですが、茎が太くなると硬くなりアクも強くなります。

そのまえに摘み菜で順次食べていくと、新しい脇芽がどんどん伸びて、長い期間収穫できます。

基本データ

原産地：地中海沿岸

難易度

お手軽　育て易い　やや難

スケジュール

月	種蒔き	収穫
1月		●
2月		●
3月		
4月		
5月		
6月		
7月		
8月		
9月	●	
10月	●	
11月		●
12月		●

〈 育苗の基本と栽培のポイント 〉

長期間生育しますが、
後半部はアクが強くなるため、早めの収穫を。

春菊の発芽

1. 葉の形もいろいろ

丸葉の大葉と切れ込みの多い小葉の品種があり、好みに応じて種を購入。

2. 畝の高さは20センチ

畝の準備は、有機基本肥料を施して高さ２０センチ程度。

3. 覆土は４ミリ

種蒔きは筋蒔き、もしくはバラ蒔きにし、４ミリ弱の覆土にする。

4. 発芽に注意

発芽はやや難しく、発芽を確実にするには、**前日から濡れタオルに一晩浸し**ておくのがいいでしょう。

5. 筋蒔きとバラ蒔き

筋蒔きの場合は、支柱などで上から押さえて筋をつけてか種を蒔く。バラ蒔きの場合は種を蒔く土の表面を板で平らにしてから種を蒔くのがポイント。

本葉が揃った頃

密生する葉場

間引き菜でおひたし

6. 柔らかいうちに食べる

発芽がうまくいき、本葉が混み合ってきたら、間引き菜でおひたしにすると美味しい。

7. 少しアクが強いが美味

本葉の食べ頃が過ぎても、暫くは摘み菜を楽しむことができます。

病虫害対策

- 病害虫にほとんどやられることのない強健な野菜です。

アブラナ科

高菜

（芥子菜変種）

高菜漬けに、是非挑戦してみてください

高菜といえば、漬け菜にしてから高菜炒め、高菜チャーハン、高菜ラーメン、高菜飯、高菜メンタイ、めはり寿司と庶民料理がならびます。

塩でいったん粗漬けしたあと乳酸発酵させたものが元々の高菜漬です。

九州地方では古くから栽培され、三池高菜、長崎高菜、筑後高菜、柳川高菜など地名のついた緑と赤の品種があります。

収穫は晩秋からできますが、とう立ちする直前の頃がピリッとした辛味と香りがでます。

基本データ

原産地：中国

難易度

お手軽　**育て易い**　やや難

スケジュール

月	種蒔き	植付け	収穫
1月			●
2月			●
3月			●
4月			
5月			
6月			
7月			
8月			
9月	●		
10月		●	
11月		●	
12月			●

〈 育苗の基本と栽培のポイント 〉

葉にツヤが出てきたときが、
高菜漬けに適した状態。放置すると花が咲きます。

1. 筋蒔きでスタート

有機基本肥料を施した畝に筋蒔きをし、発芽（遮光）ネットをベタ掛けする。

2. 簡単に発芽します

発芽は簡単で、写真のように発芽率１００％の場合、新芽の頃から間引きを始める。

発芽率 100%直後

根付けば成長は速い

3. 間引き早めに

本葉５枚の頃に苗が詰まっているときは、**株間隔１５～２５センチで間引き**をする。

4. 強いので移植も可

間引きする前に灌水すれば、**間引き菜を別の畝に移植**もできる。

間引き菜は漬け物、炒め物

5. 間引き菜で中間料理も

間引き菜を、塩と昆布で浅漬け、もしくは炒め物にするのもいいでしょう。

6. 寒い地域は防寒対策を

高冷地や寒冷地は冬期には寒冷紗などの防寒対策がおすすめです。

7. 収穫の時期

葉にツヤが出てきたらちょうど収穫の時期です。

アブラナ科

野沢菜

マイナス三度でも成長する強健な野菜

（カブ変種）

別名・信州菜（シンシュウナ）と呼び、長野県野沢温泉地域を中心に栽培されてきた野菜です。霜が降りると美味しくなるといわれ、寒冷地栽培に適しています。

温暖な地域でも種蒔きの時期を遅らせば、じゅうぶん美味しい野沢菜ができます。

「野沢菜漬」は全国的に有名ですが、地元の乳酸発酵で酸味のある本漬けだけではなく、緑色のあっさりした浅漬けも好まれています。

基本データ

原産地：アフガニスタン

難易度

お手軽　**育て易い**　やや難

スケジュール

月	種蒔き	収穫
1月		
2月		収穫
3月		
4月		
5月		
6月		
7月		
8月	種蒔き	
9月		
10月		
11月		収穫
12月		

〈育苗の基本と栽培のポイント〉

寒冷地ならば
美味しい野沢菜が栽培できる。

1. 70センチにもなる大きな野菜

葉丈が70センチほどに伸びますから、有機基本肥料をたっぷり施した畝を準備する。

野沢菜の発芽

2. 秋蒔きがスタート

少し厚めの筋蒔きをして発芽（遮光）ネットを掛ける。

3. 双葉の段階から間引く

発芽を確認できたところで、双葉の段階から順次間引いていく。

4. 間引き菜をおひたしに

本葉が20センチほどに伸びた頃から、間引き菜をおひたしや浅漬けにすると美味しい。

発芽（双葉）は順調

本葉が混み合っている

5. マイナス気温でも成長

野沢菜は耐寒性が強く、**マイナス3度でも成長する**といわれ、霜や雪にあうと葉の色が濃くなり、**ツヤがでる。**（葉が柔らかくなり甘味も増してくる）

6. 最適の状態で収穫

草丈70～80センチ頃が野沢菜漬に最適の状態。

7. 寒さで甘味を蓄える

2回目の霜が降りると美味しくなると伝えられ、その頃から本格的な野沢菜漬けを始める。

間引き菜

病虫害対策

- 気温が暖かい時期にはアブラムシが付く恐れもあり、葉丈が20～30センチの頃まで防虫ネットを掛け、唐辛子エキスを1～2週間に一回程度噴霧する。

アブラナ科

水菜

（京菜）

ホントに水と土だけで育つの？

水菜は古くは京都九条で栽培されていた漬け菜で、京菜とも呼んでいます。

肥料も施さずに水と土壌力だけで栽培できたというのが、「水菜」の名の由来です。

冬本番には、鍋物、煮物、漬け物の定番ですが、近年はそのシャキシャキ感がいいと、若菜を刈り取った水菜サラダが人気を呼んでいます。

栄養価も高く、ビタミン、鉄分、カリウムなどが豊富で、その葉緑素にはアルコール、ニコチンを解毒する効能もあるといわれています。

基本データ

原産地：日本

難易度

お手軽　育て易い　やや難

スケジュール

月	種蒔き	収穫
1月		●
2月		●
3月		●
4月		
5月		
6月		
7月		
8月		
9月	●	
10月	●	
11月		●
12月		●

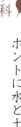

〈 育苗の基本と栽培のポイント 〉

**若菜や間引き菜から料理に使える。
長期間楽しめる“すぐれ野菜”。**

1. 少しは肥料も必要

水だけでも育つとはいえ、良質の水菜を育てるには、やはり軽めに有機基本肥料を施した畝を準備する。

2. 種が小さいため蒔き過ぎないように

種は小さく、筋蒔きをして薄く覆土のうえ、濡れ新聞紙や発芽ネットなどで発芽を促す。

3. 移植もじゅうぶん可能

直蒔きで栽培してもいいし、細い葉が**１００倍単位で増える**ため、本葉５～６枚で曇天の日に移植してもいい。

本葉が密集

間引き菜はサラダ・浅漬け

4. サラダが流行っている

密生した若菜が１５センチ頃から、間引き菜でおひたし、サラダ、浅漬けを楽しむことができる。

5. ３０センチで収穫

葉が３０センチ以上に成長した頃から本格的な収穫。（根元で刈り取っても、逞しい生命力で新葉が伸びはじめる）

株はどんどん増える

水菜の畝

紫軸の水菜

病虫害対策

- アブラムシが付くこともあり、安全のために寒くなるまでは防虫ネットをかけてもいい。
- 多くの場合、唐辛子エキス（竹酢）の噴霧で対応できる。

アブラナ科

壬生菜

（水菜変種）

千枚漬けと壬生菜の浅漬けの採り合わせがいい

壬生菜（みぶな）は京都の壬生地域で発見された水菜の変種です。

水菜と比較すると、いちばんの違いは葉の切れ込みがなく、丸形の葉であることが特徴です。

壬生菜は成育段階から緑色が濃く、水菜にはない独特の風味があることから、京漬け物のひとつとして珍重されています。

水菜の幼苗はサラダにも向いていますが、壬生菜の食べ方は鍋物、煮物、漬け物といったところです。

基本データ

原産地：日本（京都壬生地域）

難易度

お手軽　育て易い　やや難

スケジュール

1月	
2月	
3月	
4月	
5月	
6月	
7月	
8月	種蒔き
9月	植付け
10月	
11月	収穫
12月	

〈 育苗の基本と栽培のポイント 〉

**水菜と異なり白部のない、
全面緑の冬野菜。**

壬生菜の芽

1. 水菜の仲間です

畝の準備は水菜と同じように、有機基本有機肥料を軽く施せば、**土壌力でじゅうぶん栽培できる。**

2. 発芽させることがまず大事

種蒔きは筋蒔きで薄く覆土し、発芽を促進するため濡れ新聞紙や発芽（遮光）ネットを掛ける。

3. 土壌のしっとり感

水菜と比較して発芽率はいくぶん悪いが、**土壌にしっとり感を保つ**と、発芽に失敗することはほとんどありません。

4. 移植もできる

根の張り方が水菜ほど大きくならないので、移植する場合には株間隔は**水菜に比べて少し狭め**にする。

本葉が伸び始める

5. 緑鮮やかな漬物向き

収穫期間も長く、白いカブの千枚漬に緑の壬生菜浅漬けを添えるなど、浅漬けから古漬けまで漬け物に変化をもたせるのもいいでしょう。

6. 3月下旬から花が咲く

アブラナ科の野菜ですから、3月を過ぎると黄色い花が咲きはじめる。その前に収穫を。

混み合ってきたら間引き

病虫害対策

- 早蒔きすると、アブラムシの被害にあうことが多いため、防虫ネットと唐辛子エキスや竹酢で発芽時から対処する。

ユリ科

青ネギ

（葉ネギ）

自家菜種の種でなんども栽培できる

ネギは春夏秋冬、日本の食卓では名脇役です。朝の味噌汁はもちろん、ラーメン、うどん、蕎麦、ソーメンなど麺類や冷奴の薬味、丼もの、お好み焼き、すき焼き、鍋ものなどいろんな料理に登場します。

身体をあたため疲労回復、また強壮食材としても古くは奈良時代から栽培されています。

青ネギで有名なのは関西の九条ねぎですが、品種改良された種類が、周年野菜として日本の各地で栽培されています。

基本データ

原産地：中国

難易度

お手軽　育て易い　やや難

スケジュール

1月			
2月			収穫
3月	春蒔き		
4月			
5月			
6月			
7月	秋蒔き	植付け	
8月			
9月			
10月			
11月			収穫
12月			

〈 育苗の基本と栽培のポイント 〉

**種蒔き時期を少しずつ変えると周年野菜に。
家庭菜園では春蒔きと秋蒔きが一般的。**

ネギの発芽

1. 水遣りは必要ですが排水も大事

ネギは酸性に弱いので畝作りにはカキ殻石灰を撒き、完熟堆肥、鶏フン、油カス少々を元肥に施し、排水の良い状態に整える。

お盆頃にネギ苗の天日干し

2. 発芽のポイント

筋蒔きし、腐葉土（乾燥を防ぎ、発芽状態がよく分かる）を薄く掛け黒の発芽（遮光）ネットを掛ける。

3. 糸のような苗が

育苗の最大注意点は、発芽～幼苗の段階で**強い雨で苗が倒れて消えることがある**ことです。

乾燥青ネギの植付畝

4. どしゃ降りの雨に注意

タマネギの育苗も同じですが、この発芽～幼苗期間はカマボコ型に発芽（遮光）ネットや寒冷紗を掛けて、**強い雨や風を防ぐ**こと。

食べ頃の青ネギ

5. 苗の根が浮くのを留める

苗が浮くのを止めるために川砂を掛け、油粕の液肥を撒いて苗を強くするのも有効な対策。

6. 秋蒔きは移植なし

秋蒔き青ネギは移植をしないで、１１～３月まで収穫。

美味しい青ネギの収穫

病虫害対策

- 混作（コンパニオンプランツ）で病虫害対策にネギを植え付けるくらいですから、病虫害の被害はほとんど心配はいりません。

種の採取保存

- 自家採取の種でじゅうぶん栽培できますから、写真のようにいちばん端の株のネギボウズを種用に残しておきましょう。
- 採取の目安は、ネギボウズに**黒い種**が見えるようになったら完熟。それを採取し天日で乾燥させてから保存。

ユリ科

白ネギ

（根深ネギ）

手間暇がかかる分、美味しい白部ができる

葉部を食べる青ネギに対して白部を食べる白ネギ。以前は岐阜県を境界にして以北が白ネギ、以南が青ネギという産地区分がありましたが、品種改良されて境界線がなくなりつつあります。

関東では越谷系、千住系など地名のついた品種がよく知られています。

白ネギの栽培は、鳥取の砂丘ネギが有名なように、排水のよい土壌であることがたいせつです。

青ネギと違ってなんども土寄せの手間暇はかかりますが、それだけに軟白部の甘味は格別です。

基本データ

原産地：中国

難易度

お手軽　育て易い　**やや難**

スケジュール

1月	
2月	
3月	種蒔き
4月	植付け
5月	
6月	
7月	箸の太さに成長した頃　収穫
8月	
9月	
10月	
11月	
12月	

〈育苗の基本と栽培のポイント〉

**土寄せの手間暇はあるものの、
誰でも栽培できる、おなじみの野菜。**

箸太さで植え付け

畝の両脇をすだれで土留

1. 最初は青ネギと同様

種から苗を育てる要領は青ネギと同様に、牛フンとカキ殻石灰を施した畝で筋蒔きし、**苗が箸（ハシ）の太さになるまで育てる。**

箸の太さが移植時期

ネギの発芽

2. 雑草の方が早く伸びる

発芽まで遮光ネットを掛け、発芽を確認してから、苗が**雑草に負けないように丁寧に除草する。**

3. 箸の太さで移植

苗が箸の太さに育った頃、牛フンとカキ殻石灰を施した排水の良い栽培畝に、**5～8センチ間隔で1本ずつ植えなおす。**

枯れ葉と土寄せを交互に

4. できれば8～10回の土寄せ

苗が根付き次第、**葉の分岐するところまで**、土寄せをする。

5. 土留めの方法

白身部分が50センチになることを考え、最低5～6回程度軟白部分が隠れる位置まで土寄せをする。（写真のようにスダレや波板で土留めする方法もある）

6. 藁や枯草を入れる

土寄せには裁断した藁や枯れ草を混ぜると、収穫時には土が柔らかく掘り返しが簡単です。

7. 手間暇を惜しんでは駄目

手間暇かかりますが、苗の成長に合わせてこの土寄せ作業を行うと、美味しい白ネギの収穫ができる。

8. 追肥も必要

土寄せ3～4回目の頃、**畝の脇を掘り返し、油カスや鶏フンを追肥**すると肥料切れになりません。

9. ネギボウズができたとき

とう立ちして**ネギボウズができたとき**は、茎の中に水が入らないように摘み取る。（脇から分けつしたネギが出ますから、それを収穫）

収穫と種の採取保存

- 収穫は手で引き抜くと途中で切れますから、**スコップや三つ鍬で丁寧に根の部分まで**土を掘り出す。
- 掘り出したネギを横にして土を掛けておくと暫くは保存できる。
- とう立ちしたネギボウズを完熟するまでおいて種を採取することもできる。

ユリ科

ワケギ

ネギと比較すると、辛味がとてもマイルド

ワケギ（分葱）はネギとタマネギの雑種ともいわれ、10～20倍に増えた球根を分けて植え付けるので「ワケギ」の名が付いています。

よく知られている食べ方は、酢味噌で和えた「ぬた」。

青ネギの代用品にもなりますが、青ネギとの違いは、辛味や匂いが少なく、上品な風味と繊維質が柔らかいのが特徴です。

また、栽培方法もネギとは異なり、開花種（ネギボウズ）からではなく、多年生球根で繁殖させて収穫します。

基本データ

原産地：ギリシャ

難易度

お手軽　**育て易い**　やや難

スケジュール

月	植付け	収穫
1月		●
2月		●
3月		●
4月		●
5月		
6月		
7月		
8月	●	
9月	●	
10月		●
11月		●
12月		●

5~7月は球根の夏眠時期

〈 育苗の基本と栽培のポイント 〉

青ネギの少ないときのすぐれた代用品。
辛みの少ない青ネギと思えばよい。

植え付け用球根

1. 2〜3球を植え付ける

乾燥保存しておいた球根を、**2〜3球ずつ畝に植え付ける。**

2. 植え付けの位置

植え付けの深さは、浅くても深くても駄目、**球根の頭がかすかに隠れる程度**に植えつける。

植え付け後・夏眠あけの新芽

3. 手入れ不要

有機基本肥料をたっぷり施せば、生命力旺盛なので、ほとんど手入れは要らない。

4. 3〜4回刈り取りもできる

草丈が伸びたところで、**3〜4回根元3〜5センチで刈り取り収穫**できるが、そのときは油カスを追肥しないと肥料切れになる。

伸び始めた新葉

5. すぐに新葉が伸びる

刈り取り後5〜6日で新葉が伸び始める。

6. 白部も美味しい

根元の白部に甘味があり、料理によっては根元から全部収穫する。

7. 保存球根は刈り取りしない

植え付け用の球根を採取するには、**刈り取りをしない株**を残しておく。（刈り取ると球根が小さくなる）

夏の間夏眠中の球根

球根の採取保存

- **球根が丸々と太り**、葉がしおれ黄色になってきた頃、晴れた日に菜園で乾燥させる。
- 植え付けの時期まで、風通しのいい場所で、ネットなどに入れて保存する。

ユリ科

ラッキョウ

痩せた土地でもできる生命力ある球根野菜

砂地や赤土など痩せた土壌でも、じゅうぶん栽培できるラッキョウ。

球根の植え付けから収穫まで10ヶ月ほどかかりますが、春に土寄せする以外ほとんど世話のいらない強靱な野菜です。

若採りした球根は、スライスして味噌をつけて酒肴。また、カツオブシをかけ醤油やポン酢で食べても美味です。

カレーライスの付け合わせといえば甘酢漬けですが、収穫したラッキョウの薄皮をむき、1ヶ月塩漬けしてから甘酢に漬けたものです。

基本データ

原産地：中国

難易度

お手軽　育て易い　やや難

〈 育苗の基本と栽培のポイント 〉

**土壌の力だけで育つ、
たくましい球根野菜です。**

1. 土壌力でじゅうぶん育つ

畝にはとくに肥料を施す必要はありませんが、分球がはじまる２月頃葉の色が薄いようなら、鶏フンもしくは油カスを寒肥としてやるのもいいでしょう。

芽が出始めたラッキョウ

球根から細い葉が出る

2. 植え付けは球根１ヶ

植え付けは、球根を１ヶずつバラし、間隔１０〜１５センチで立て植えにする。

3. 小さな球根を欲しいとき

小さな球根を収穫したいときは、３球植えにする。

4. 覆土はした方がいい

覆土は３センチ程度。

10倍以上に分球が進んでいる

5. 良質の球根を収穫するには

３〜４月の葉の成長が盛んになる頃、**土寄せをすると良質の球根**になる。

6. 分球の状態

写真のように葉がたくさん伸びているのは、分球が進んでいる証拠。

7. 収穫のタイミング

６月下旬頃、葉が枯れ始めた時が収穫の合図です。（完全に枯れる前に収穫する）

8. 繁殖力がある

収穫時には１ヶの球根から１５〜２０ヶほど分球しています。

9. ２年目の収穫

１年で収穫せずそのままにしておきますと、それぞれの球が分球し、球根は小さくなりますが、大量収穫することができます。

晩秋に花が咲く

球根の採取保存

- 夏に収穫した球根を、ワケギとおなじように風通しのいい場所で乾燥保存する。
- 通常はネットに入れて保存することが多い。

ユリ科

タマネギ

種から育てる技術をマスターしましょう

初夏に収穫し長期にわたり保存できる栄養豊富な野菜です。

エジプトのピラミッドの壁画にはタマネギやニンニクを腰にさげた人夫の絵があるように歴史は古く、強壮食材として栽培されてきました。

日本に移入されたのは幕末の頃ですが、生産量はアメリカに次いで第2位。

タマネギの香りは肉や魚の臭みを消し、料理に独特の甘味を加える多用途野菜です。

基本データ

原産地：中央アジア・地中海沿岸

難易度

お手軽　育て易い　やや難

スケジュール

月	作業
1月	
2月	
3月	
4月	
5月	翌年収穫
6月	翌年収穫
7月	
8月	
9月	種蒔き
10月	植付け
11月	植付け
12月	

早生種は秋の彼岸前、中晩生種は秋の彼岸以後

〈 育苗の基本と栽培のポイント 〉

**自家育苗できれば、
タマネギ達人になれます。**

種を蒔いて育苗

1. 種蒔きと育苗

高価な苗を購入しなくても、自家育苗で栽培出来る。

2. ネギボウズの原因

種蒔きの時期が**早すぎると、翌年ネギボウズの原因**になる。

3. 肥料喰い

苗床は普通の畝と同じですが、肥料は窒素系（油カス）を少し多めにする。

4. くん炭の利用

芽出しは、バラ蒔きで砂通しで土を掛け、薄くもみ殻くん炭を掛ける。

5. 遮光ネット

新芽が出るまで遮光ネットを掛ける。

6. 新芽を枯らさないように

育苗の失敗の多くは、新芽の頃に強雨で倒れ、枯れてしまうことです。

7. 雨除けの工夫

雨除けの寒冷紗などを掛け、苗が倒れないように工夫する。

8. 川砂で押さえる

芽が少し育ったところで、土から**浮いた苗を定着する**ために、砂通しで川砂を掛けて押さえる。

9. 液肥の追肥

苗をしっかりさせるために、油カスで液肥を作って施肥をすれば、植え付け前の作業は完了。

植え付け

等間隔に植え付ける

1. 25センチで植え付け

苗が２５センチの頃、有機基本肥料を施した畝に植え付ける。

2. 等間隔に植える

畝の表面を平らに整地し、ロープを張って等間隔に植え床に穴をあける。

3. 草抜きが簡単

等間隔で植えつけていると、雑草抜きは手早くできる。

4. 寒肥

１～２月ごろ苗の間に穴を開け、**寒肥として油カスや鶏フンを施肥**する。

5. 腐葉土を撒く

腐葉土を畝の表面に撒くと、春の草止めになり、じっくりと施肥効果がでる。

6. 寒肥をする

12月と２月に寒肥（鶏フンや油カス）をすると春に効果がでてくる。

7. 長く保存できる

有機肥料の場合は急激に太らないが、首元が締まって長く保存できる。

葉が倒れた時が完熟

葉が完全に倒れると収穫期

収穫と保存

- 早生タマネギは辛味もほとんどなく、オニオンスライスなど生食に最適ではあるが、長期保存が難しい。
- 中生・晩生タマネギはできるだけ長く保存できるように、晴れた日に抜いて二日ほど天日干し。６個ほどを一束にしばり、風通しのいい小屋や軒下に乾燥保存。ネットに入れて保存もできる。

ユリ科

紫タマネギ

美しいオニオンサラダに変身

形状が異なるタマネギの種類は多いですが、変わったところでは皮の色が紫になる紫タマネギ。

輪切りにすると、白と紫が交互になるコントラストが美しい。

その彩りの良さから、サラダバーではオニオンサラダなど生食としてよく利用されています。

収穫期は中晩生の種類がほとんどですが、初夏に収穫したものが初秋に早くも芽がでるなど、保存期間が短いのが難点です。

基本データ

原産地：中央アジア、地中海沿岸

難易度

お手軽　育て易い　やや難

スケジュール

1月	
2月	
3月	
4月	翌年収穫
5月	
6月	
7月	
8月	種蒔き
9月	
10月	秋の彼岸頃
11月	
12月	

〈 育苗の基本と栽培のポイント 〉

**保存中に早く芽が出るため、
少量栽培にするのがポイント。**

1. いろんな種類がある

種蒔きは、早生タマネギ、紫タマネギ、中晩生タマネギの**名札を差し**ておくと、植え付け時に迷うことがない。

2. 根元が紫色

紫タマネギの苗は、成育ししたがい**根元が紫になる**ため分かりやすい。

発芽から育苗までが難しい

3. 購入するのもいいが…。

タマネギ苗の育苗については、**種が発芽して植え付け苗に育てるまでがいちばん難しい**ため、専門の種苗店から購入する人が多いのも現実。（しかし、種から育てると楽しみは倍増）

4. 雨で倒れ枯れる

種蒔き時期が台風シーズンと重なることも多く、暴風雨によって種の流失をはじめ、苗が倒れることや土から浮いてしまうことがある。

5. 対策もある

対策としては、川砂を苗の間に砂通しで掛け、苗がしっかりするまで寒冷紗や防虫ネットを掛けて育てる方がいいでしょう。

6. 肥料負けに注意

育苗の失敗の原因には、土の表面に直接鶏フンや油カス撒いたために起きる**肥料負け**もある。

7. 文化の日頃か最適

苗の植え付けは１０月から１２月上旬まで可能。

8. 根つけば大丈夫

植え付け直後は水遣りが必要ですが、根がつけば乾燥したときに散水する程度でよい。

9. 寒肥の必要あり

１～２月の寒い時期に、苗の中間点に穴をあけ、鶏フンや油カスを寒肥として施すと、春になるとその結果がでてきます。

苗の植え付け

３月頃の成育状況

根元が紫の苗

収穫時期の紫タマネギ

保存方法

- 紫タマネギは**保存期間が短い（芽が出る）**ため、早めに食べた方がいいでしょう。
- 保存するときは、風通しがよく雨のかからないところで、ネット袋などに入れて吊すこと。

ユリ科

ニンニク

保存のできる栄養満点の球根野菜

基本データ

原産地：中央アジア

難易度

お手軽　育て易い　やや難

スケジュール

月	作業
1月	
2月	
3月	
4月	
5月	翌年収穫
6月	
7月	
8月	
9月	植付け
10月	植付け
11月	
12月	

強烈な匂いはアリシンという成分です。

日本で本格的栽培が始まったのは明治維新以降ですが、古代エジプト時代のピラミッドの壁画に描かれているように、古くから世界各地で栽培され、料理には欠かせない香味野菜となっています。

糖質、ビタミンが豊富で、とりわけ滋養強壮の食材としては一級品です。

暖地系ニンニクと寒地系ニンニクがあり、東北地方で多く栽培されている寒地系のホワイト六片が有名です。

〈育苗の基本と栽培のポイント〉

タマネギ同様、肥料喰いなので、寒肥を忘れないことがポイント。

ニンニクの本葉

1. 根が深く伸びる

見た目より**根が深く伸びる**ので、畝底には有機基本肥料をたっぷり施した高さ３０センチの畝を準備する。

2. 形のいい分球を選ぶ

ニンニク球の中の６～１０ケの分球をばらし、未熟なものを除く。（未熟球はニンニク醤油などに利用できる）

ニンニクの植え付け畝

3. 等間隔で植え付け

株間隔１５センチでロープなどを引き等間隔、深さ５センチで１ケずつ植えつける。（碁盤の目のように植えつけると、寒肥の施肥や雑草取りがスムースにできるばかりか、成長バランスが均等になる）

4. １２月と２月に追肥

寒肥には株間隔の中間に棒などで穴を開け、油カスや鶏フンを施しておくと、春の成長期に効果が出てくる。

5. 地下球根を太らせるため

気温が上がってくると草丈が伸び、**茎に花蕾ができてとう立ち**し始めたら、その茎を切り取る。（茎はいわゆる茎ニンニクとして食べる）

6. 収穫の目安

完熟の目安は**葉が３分の２以上枯れた頃**ですが、端の株を試し掘りしたほうが無難でしょう。

茎ニンニクは刈り取る

収穫と保存

- 雨後３日以降の晴天の日に球根を掘り出し、球根から茎２０センチで切り、できれば２日ほど天日干しする。
- 風通しのいい雨の当たらない場所で、束状やネットに入れ乾燥保存しながら食材に利用する。
- 種球根は収穫した球根のなかから大きなものを選び、秋の植え付けまで別に保存しておく。（ひとつの球根から６～８ケ程度の分球が採取できる）

ユリ科

ニラ

なんども刈り取りできる逞しさ

ニンニクと同じ特有の匂いの成分・アリシンを含む緑黄色野菜です。βカロチン、ビタミン、カルシウムも多い代表的健康野菜といわれ、その強壮効果がすぐれていることから別名「起陽草」とも呼ばれてきました。

東アジアで多く栽培され、中国料理、朝鮮料理はもちろん、日本でも「古事記」「万葉集」にも登場するように、古くから食材や生薬として用いられています。

基本データ

原産地：東アジア

難易度

お手軽　育て易い　やや難

スケジュール

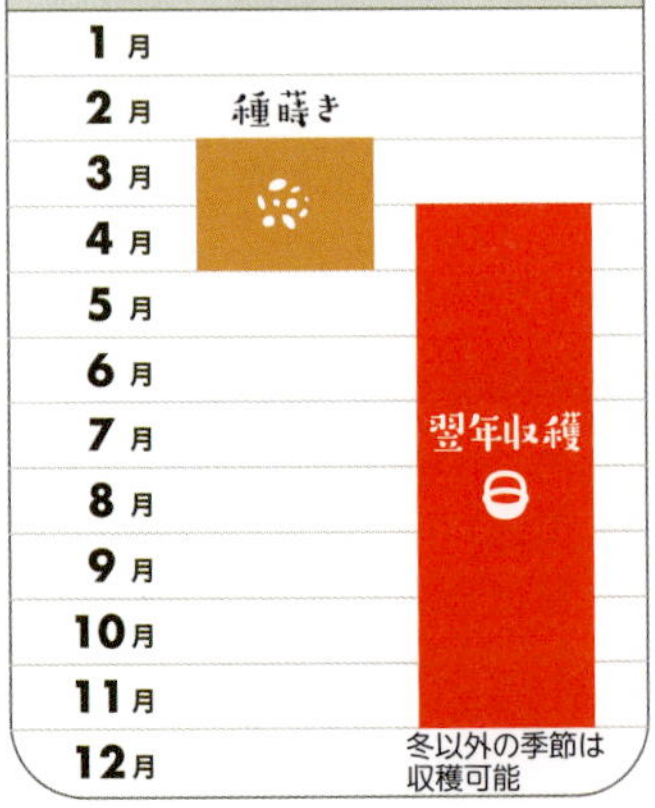

〈育苗の基本と栽培のポイント〉

生命力ある多年生野菜ですが、
冬期は休眠するので注意。

根が増えて茂る

1. 多年生の野菜

多年生なので毎年追肥や移植をすれば数年収穫できる。

2. １年目は収穫を期待しない

春蒔きで苗を作り、草丈３０センチを超えた頃に根元より４センチで刈り取り収穫を始める。１年目は太くならない。

刈り取っても年４回ほど収穫

3. 新葉はすぐ伸びる

刈り取り翌日から新葉が伸び始める強健な性質をもっている。

4. 冬期は収穫無理

冬季を除いて年数回収穫できるが、春と秋に畝の脇を掘り返し鶏フン、油カス少々を追肥して灌水する。

5. 根が詰まってくる

３～４年同じ畝でも収穫できるが、**２年程で根が詰まってくる**ので、葉をいったん刈り取り、株を掘り起こしてたっぷり施肥した畝に移植する。

ニラの花

6. 移植は冬期に

移植は特に時期を限定しないが、休眠する冬季のほうがいいでしょう。

7. 全部刈り取る

晩夏にとう立ちし写真のように花が咲いたら、種を採取する以外はいったん全部刈り取る。

8. 移植か蒔き直しおをする

数年同じ株で栽培していると、色つやも悪く草丈も短くなる。そんなときは株分け移植をするか、種を蒔き直すことです。

ニラの収穫

病虫害対策

- 病虫害にやられることはほとんどないが、カビなどが付いた場合はすべて刈り取り、灌水した後に唐辛子エキスを噴霧しておく。

種の採取保存

- 翌年種を蒔くときは、花が咲いた後、黒い種が見えたところで採取し、天日で乾燥してから保存しておく。

ショウガ科

ミョウガ

半日陰を好む香りの野菜

ミョウガ（茗荷）を食べると、もの忘れが進行するというのは根拠がありません。名前を負うことの大切さを説いた仏教説話が、どこかで突然変異した迷信です。

日本の各地に自生していますが、独特の香りと淡白な味が日本料理に欠かせない食材となっています。

植物分類ではショウガ科ですが、地下茎からでる花蕾を食べる花ミョウガと、太陽の光を遮断して栽培した葉の軟白部を食べる葉ミョウガ（ミョウガダケ）があります。

基本データ

原産地：日本

難易度

お手軽　育て易い　やや難

スケジュール

1月		
2月	植付け①	
3月		
4月		
5月		
6月		収穫
7月		
8月		
9月	植付け②	
10月		葉ミョウガは5〜6月
11月		
12月		

〈 育苗の基本と栽培のポイント 〉

**“日陰＋しっとりした土壌”を、
常に維持できればミョウガは育ちます。**

1. 日当の悪い場所

不思議な野菜であるが、ミョウガほど**日蔭と湿度を好む野菜**はない。

2. 塀際が最適

塀際の樹木の下の日当たりが悪い庭の土壌が栽培には最良の場所。

3. 軽く肥料を施す

菜園で栽培するには、最初の植え付け時に軽く腐養子を施せば、あとは土壌力で育ちます。

ミョウガの根

4. 水の便がいいこと

夏季には常に灌水できるように、水の便がいい場所に植え付けをする。

5. 深さ５センチで植え付け

ミョウガの根を深さ５センチ程度で植え付ける。

日陰で葉は伸びる

6. スダレで囲む

大事な栽培ポイントは、スダレで囲むなど**周りから太陽の光を遮る**こと。

7. 乾燥を防ぐ

土壌の表面が乾燥しないように、枯草、落葉、藁屑、もみ殻を敷くなどの工夫をする。

8. ミョウガダケを試みる

少量のミョウガダケの収穫ならば、新芽にバケツを被せてもいい。

9. 収穫のタイミング

最良のミョウガを収穫するタイミングは、花の咲く前に掻き取ること。

10. 花が咲くと香りが落ちる

花が咲いたまま収穫が遅れると、花から腐りが始まり、香りも落ちる。

ミョウガの花

花が咲く前のミョウガ

11. ４～５年で植え付け

菜園では４～５年経過すると、**根が込み合い成長が悪くなる**ため、その頃が根の植え替えの時期になる。

キク科

サニーレタス

（ちりめんチシャ）

軽い苦味は栄養価が高い証し

基本データ

原産地：ヨーロッパ

難易度

お手軽　育て易い　やや難

スケジュール

月	種蒔き	植付け	収穫
1月			●
2月			●
3月			
4月			
5月			
6月			
7月			
8月	●		
9月	●	●	
10月	●	●	
11月		●	●
12月			●

サラダ料理には欠かせないレタスには、結球する玉レタス系と葉がひらくリーフレタス系があります。リーフレタス系のサニーレタスは、軽い苦みはあるものの、ナメクジなどの害虫被害はほとんどありません。冷涼な気候を好み、玉レタスと比較すると、耐暑性、耐寒性がかなり強い。また、玉レタスに比べβカロテンは10倍以上も多く、ビタミン、食物繊維なども多く含んでいます。

〈育苗の基本と栽培のポイント〉

玉レタスのように、ナメクジがついたり、ベト病になることもない、栽培しやすいレタス。

1. リーフレタスもいろいろ

いろんな種類が混ざったリーフレタスの種袋もあり、成長が楽しみになる。

2. バラ蒔きで育苗

種が小さく苗床でバラ蒔きし、本葉５～６枚まで育ててから畝に植えつける。

3. 覆土は薄く

種蒔きは種が隠れる程度に砂通しで薄く覆土し、**発芽までは濡れ新聞を掛ける。**

4. 発芽専用のメッシュ箱もある

写真のようなメッシュ張りの育苗ケースを被せると、発芽後も害虫の被害を防ぐ。

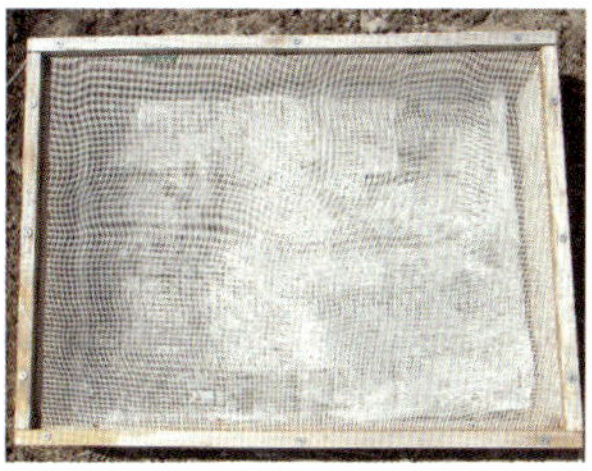

濡れ新聞とメッシュネット

5. 曇り日に移植

植え付け時の苗が小さいため、曇り日を選び、じゅうぶん灌水してから植え付け作業にかかる。

6. 春には、とう立ち

春になると、とう立ちが始まり、苦みも増してくる。(葉ものの苦みを押さえるには、基本肥料のカキ殻石灰を多めにする)

畝に植え付ける

苦みが増す前に収穫

緑と赤のちりめんチシャ

グリーンウエーブの１種

病虫害対策

- サニーレタスは病虫害には強いほうではあるが、ナメクジ対策だけは必要。ビールトラップや唐辛子エキスで対応する。

キク科

カキチシャ

焼肉屋さんでお馴染みの包みレタス

（サンチュ）

基本データ

原産地：イラン、イラク

難易度

お手軽　育て易い　やや難

スケジュール

サンチュは朝鮮半島の呼び名。日本では、外葉を掻き取りながら食べていくので、カキチシャと呼んでいます。玉レタスと違って、耐暑性、耐寒性が強いため、秋冬野菜だけでなく夏野菜としても栽培されるようになりました。食べ方は、レタス系であるからサラダにもできますが、なんといっても焼き肉を包んで食べるのが定番。もちろん魚や肉の刺身を包んで食べても美味しい包菜です。

〈 育苗の基本と栽培のポイント 〉

**外葉より順次掻き取っていくリーフレタス。
収穫期間の長いのが特徴です。**

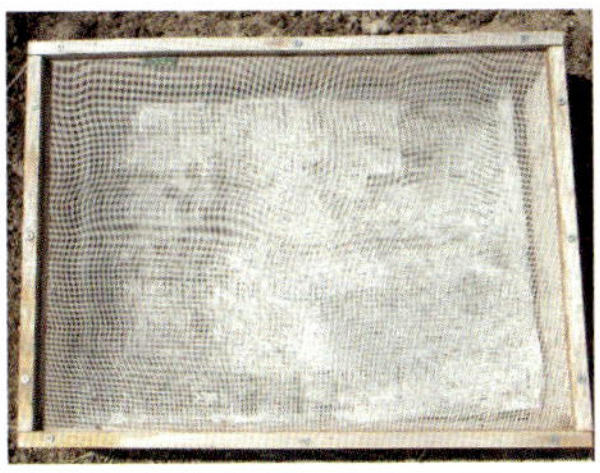
バラ蒔きで発芽

1. 種蒔きと発芽

バラ蒔き、もしくは筋蒔きで、濡れ新聞紙を掛けて発芽させる。

2. 成育期間が長い

玉レタスと比較すれば、**成育期間がかなり長い**ので、有機基本肥料をたっぷり施した畝を準備しておく。

3. 植え付けのタイミング

間引きしながら、本葉４～５枚の頃が、植え付けのチャンス。

4. 株間隔は２５センチ

曇天の日を選び、株間隔２５センチ程で植え付ける。

植え付け後１ヶ月

成育中のカキチシャ

外葉から収穫を始める

下は掻き取った跡

5. 外葉から掻き取る

葉の長さが１５センチを超えた頃から、**外葉から掻き取り収穫**を始める。

6. 玉レタスとの違い

カキチシャの特長のひとつは、玉レタスと違って、成長に従い外葉から上に順次収穫できることです。

7. 茎がむきだしになる

掻き取りを続けると、茎がむきだしになりますが、春の苦みが増す頃まで長く収穫出来るのがポイント。

種の採取保存

- 温暖な季節には、ナメクジ、ヨトウムシの危険はあるが、寒い時期には病虫害については、ほとんど心配はいりません。

キク科

玉レタス

ほとんど水分ですが、パリパリ感が好評

サラダ料理の主役といえば、なんといっても玉レタス。結球する玉レタスは味が淡泊で、新鮮なパリパリ感が好まれますが、ほとんどが水分で栄養価は低い。最大の天敵はナメクジ。結球し始める頃から唐辛子エキスを噴霧し、ビールトラップ（別添参照）で捕獲しないと後がたいへんです。結球のなかに食い込んでしまうと、捕獲は不可能なうえ、ナメクジのヌメリは水洗いしてもなかなか落ちません。

基本データ

原産地： 地中海沿岸、西アジア

難易度

お手軽　育て易い　**やや難**

スケジュール

月	種蒔き	植付け	収穫
1月			●
2月			●
3月			
4月			
5月			
6月			
7月			
8月			
9月	●		
10月	●	●	
11月		●	●
12月			●

〈育苗の基本と栽培のポイント〉

**ナメクジ被害やベト病の危険、
巻きの悪さもあるが、ぜひ挑戦したい野菜。**

1. 種は小さい

種は薄く小さいため、バラ蒔きし、覆土は砂通しで薄く掛け、そのうえに濡れ新聞を掛けて発芽させる。

2. 密集部を間引き

発芽後、本葉２枚で密集したところの苗を間引きする。

3. 移植畝の準備

本葉４～５枚の頃までに、有機基本肥料を施した畝を準備する。

4. 移植の日を選ぶ

曇天の日を選び、定植畝へ苗を移植する。

本葉４～５枚で移植

5. 水遣りはたいせつ

乾燥しやすい土壌では、１週間おきにたっぷり灌水する。

根付けば大丈夫

結球直前の頃

玉レタスは只今成長中

痛みが速いので新鮮なうちに

病虫害対策

- 前述のように、無農薬栽培の場合、いちばんの**大敵はナメクジ**です。
- 唐辛子エキスは害虫一般に防虫効果はありますが、結球し始めるの頃から**ビールトラップ**で捕獲しましょう。
- 夕方に仕掛けると、夜行性のナメクジは夜のうちにビールトラップに落ちて死にます。
- 翌朝にナメクジが入っていたら、夕方に改めてビールトラップを仕掛けるほうが無難です。
- ナメクジの落ちたビールの腐敗液は放置すると、強烈な悪臭を放つため翌日には捨てる。

アブラナ科

ルッコラ

成育が速く、マイルドなゴマの香り

（ロケットサラダ）

「ロケットサラダ」の名前があるように、種蒔きから収穫までが最速1月半と、とても成育が速いルッコラ。葉の香りのよさと、ほのかな辛味と苦味があるのが特長。葉や葉柄はデリケートで折れやすいが、柔らかいだけに野菜サラダには好評。また、軽い苦味と辛味には上品な味わいがあり、肉料理の付け合わせにはピッタリ。生食だけでなく炒め物やおひたしも美味しい簡単野菜です。

基本データ

原産地：地中海沿岸

難易度

お手軽　育て易い　やや難

スケジュール

1月		
2月		
3月	春蒔き	
4月	春蒔き	収穫
5月		収穫
6月		
7月		
8月	秋蒔き	
9月	秋蒔き	収穫
10月		収穫
11月		
12月		

〈育苗の基本と栽培のポイント〉

**成育スピードが速いサラダ菜。
柔らかく折れやすいので、扱いはやさしく。**

1. 夏場は避ける

耐寒性はありますが、**高温多湿に弱い**野菜ですから、夏場の栽培は避けるほうがいいでしょう。

2. 牛フンと有機石灰

牛フンを中心にして有機基本肥料を施した畝を、種蒔きの２週間前に準備する。

密集しすぎた双葉

間引きが必要

3. 薄く種蒔き

筋蒔きにするが、**種が小さいため写真のように密集しやすい**。発芽が密集しすぎたときは、ある程度間引きして整える。

4. 大きくなった葉から食べていく

本葉１５センチ以上に伸びたものから、どんどん間引き収穫を始める。柔らかく生食が美味しい時期。

5. キッチンでミニ栽培

成育速度が速いですから、キッチンに近い場所でプランター栽培すると、いつでも間引き菜を料理に利用できる。

6. 折れやすい

折れやすいため風には弱く、できれば防虫をかねて防虫ネットを掛けると防風対策にもなる。

ルッコラのミニ栽培

15 センチ以上から間引き収穫

7. 外葉から掻き取り

間引きで間隔が空いた頃から、外葉の掻き取り収穫を始めると、脇芽が再生してくる。

病虫害対策

- 気温によってはアブラムシが発生するときがあります。発生の初期段階であれば、葉を掻き採り稀釈した竹酢液を噴霧すれば大丈夫。

シナノキ科

モロヘイヤ

クレオパトラが好んだ、ややクセのある「王家の野菜」

アラビア語で「王家の野菜」と呼ばれ、エジプトでは古代より難病も治ると伝えられてきたモロヘイヤ。とりわけ、ビタミンB群、ミネラルを豊富に含み、オクラと同じように刻むと粘りがでて美味しくなる健康野菜です。草丈50センチの頃から新葉を刈りとり食材にできますが、結石を起こすシュウ酸も含んでいますので、軽く湯通しをして食べるほうがいいです。

基本データ

原産地： 中近東地域

難易度

お手軽　育て易い　やや難

スケジュール

月	種蒔き	植付け	収穫
1月			
2月			
3月			
4月	●		
5月	●	●	
6月		●	
7月			●
8月			●
9月			●
10月			●
11月			
12月			

〈 育苗の基本と栽培のポイント 〉

発芽さえすれば、どんどん茂る葉菜。
早めに摘み菜を楽しみましょう。

ようやく芽が出る

1. 非常に小さな種

小さな種なので、**平らな苗床にばら蒔き**し、３ミリ弱覆土する。種が浮かない程度に軽く散水し、**濡れ新聞を発芽するまで掛け**ておく。発芽後は本葉になるまで遮光ネットを掛けて育苗する。

気温上昇とともに茂り始める

2. ５センチで移植

苗が５センチ程に伸びる頃までに、有機基本肥料たっぷりの畝を準備し、株間隔２０センチほどで植えつける。

3. 高温多湿を好む

高温多湿の気候を好むため、灌水を丁寧にすると柔らかい葉を収穫できる。

4. ５０センチで摘みはじめる

草丈５０センチ頃から、新葉を収穫すると、次々と脇芽が伸び始める。

5. 強健野菜

繁殖力旺盛な野菜なので、新葉１５～２０センチで摘み取っていくと、常に柔らかい葉を収穫できる。

新葉を摘む

モロヘイヤの摘み菜

6. 花の咲く前に摘み取り

摘み忘れると葉が硬くなり、食材には適さなくなる。放置すると開花が始まるのでご注意。

7. 花や種は毒

花や実には弱毒性があり、食べないようにする。

種の採取

種の採取保存

- 畝のいちばん端の株を残し、開花結実した実を晩秋に採取し、乾燥保存しておくと翌年の種蒔きに利用できる。

セリ科

三つ葉

野生の三つ葉のほうが、香りは抜群

美しい緑と高い香りのある、野草にちかい日本原産の野菜。多年生の野菜で、冬季に葉はいったん枯れますが、春になると新芽が吹き出し、若緑の新葉が茂ります。とう立ちして花が咲くと、種があたりに飛散しどんどん自生化していきます。商品として流通しているほとんどが養液栽培ですが、家庭菜園では香りも栄養価も高い露地もの栽培を楽しむことができます。

基本データ

原産地：日本

難易度

お手軽　育て易い　やや難

スケジュール

月	種蒔き	植付け	収穫
1月			■
2月	種蒔き		■
3月	■		収穫 ■
4月	■		■
5月	■	植付け	■
6月		■	■
7月		■	
8月	種蒔き	草丈5センチの頃	
9月	■	植付け	
10月		■	■
11月			収穫 ■
12月			■

〈育苗の基本と栽培のポイント〉

いったん植えれば、花が咲き、種が飛び、自生してくれるのが三つ葉の魅力です。

1. ほとんど肥料はいらない

有機基本肥料を少なめに施した浅い畝を準備しておく。

2. 少し日陰の場所

高温、強光に弱く、半日蔭の場所のほうが良く育つ。

自生化した三つ葉

3. 覆土は３ミリ弱

筋蒔き、もしくはバラ蒔きをするが、種が小さいため、目の細かい砂通しで**覆土は３ミリ弱。**

4. ネットを掛ける

種の飛散や雨による流失を防ぐため、発芽まで発芽（遮光）ネットをベタ掛けにしておく。

5. 最初は雑草抜き

発芽後の成長が雑草より遅く、草丈５センチまでは丁寧に草抜きをする。

6. 移植も可能

種蒔き畝でそのまま密生栽培すると柔らかい三ツ葉を収穫できるが、草丈５センチ以上なれば、別の栽培畝に移植することもできる。

7. 病虫害には強い

発芽と植え付けがうまくできれば、病虫害にも強く、栽培の手間はほとんどいりません。

8. 必要なときが収穫期

必要なときが収穫時期ですが、草丈２５センチを超えると葉茎が硬くなるので、そのまえに刈り取るほうがいいでしょう。

9. 再生力が強い

刈り取っても**再生力が強く、すぐに新葉**ができる。

10. コップで保存

根付きのまま収穫し、水の入ったコップで保存できる。（毎日**根の部分の水を取り替え**れば、葉茎を切り取って料理に使っても、すぐに新葉が再生）

小さな花

夏には枯れ、種が飛ぶ

プランターで茂る三つ葉

セリ科

セロリー

独特の芳香。浅漬けにすると美味

古代エジプト時代には、既に整腸剤、強壮剤として薬草栽培されています。また、強い芳香があるので香料としても利用されています。肉料理との相性がいいことから、17世紀頃フランスで野菜としての本格的な栽培が始まり、さわやかな歯ごたえはサラダや浅漬けにも人気がでています。冷温、高温ともに弱く、冷涼な気候の高冷地栽培が盛んですが、温暖地での発芽・育苗には神経を使うデリケートな野菜です。

基本データ

原産地：ヨーロッパ

難易度

お手軽　育て易い　やや難

スケジュール

月	作業
1月	収穫
2月	
3月	
4月	
5月	
6月	種蒔き
7月	植付け
8月	植付け
9月	
10月	
11月	収穫
12月	収穫

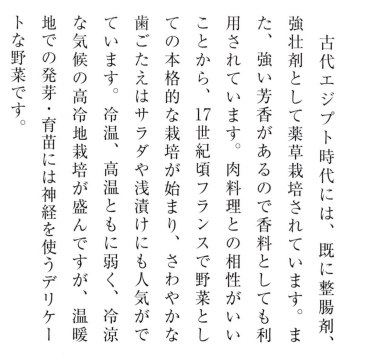

〈 育苗の基本と栽培のポイント 〉

**厚い白部のセロリーの栽培は、
いろいろ工夫を楽しめる人におすすめ。**

1. 基本肥料たっぷりの畝

野菜のなかでも肥料喰いのため、**石灰多めでたっぷり元肥**を施した畝を準備する。

2. 以外に難儀する

発芽には難儀するが、菜園の隅で花が咲いて落ちた種が、自然発芽するときもある。

3. 低温で刺激を与える

種をまず２４時間水に浸した後、**湿ったタオルのあいだに挟み、温度が２５度以下の低温状態で芽がでかけてから**苗床に種蒔きをする。

4. 移植

本葉７～８枚で、枯葉を取り除いて畝に移植する。

5. 湿度の管理

夏場の高温、乾燥対策として、敷藁、もみ殻などで土壌の表面を覆い、灌水を忘れないことがたいせつになる。

植え付け

6. 追肥もする

肥料喰いのため、草丈が伸びたところで油カスなど追肥する。

7. 老化部は取る

老化して黄色くなった葉は早めに取り除く。

8. スダレで囲む

淡白なセロリーを求めるならば、スダレで覆うことも一案。

根着いて葉が伸びる

外葉を掻き取る

白い花が枯れて種を採る

種の採取保存

- 畝の端のセロリーの株を残し、開花後しばらくして種を採取することもできる。

セリ科

パセリ

ギリシャ時代から、食欲増進、食中毒予防の香り野菜

基本データ

原産地：ヨーロッパ南部、アフリカ北部

難易度

お手軽　育て易い　やや難

スケジュール

月	種蒔き	植付け	収穫
1月			収穫
2月			収穫
3月	種蒔き		収穫
4月	種蒔き	植付け	収穫
5月		植付け	収穫
6月			収穫
7月			収穫
8月	種蒔き		収穫
9月	種蒔き	植付け	収穫
10月		植付け	収穫
11月			収穫
12月			収穫

パセリといえば、料理の飾りと思い込んでいるかもしれませんが、なんとビタミンA、B、Cはもちろんミネラル、繊維質、葉緑素など栄養素バッグンの健康野菜です。古代ギリシャ、ローマ時代から食欲増進、食中毒予防、香辛料として栽培されてきましたが、残念ながら料理は刺身や揚げ物のツマ、天麩羅、ゴマ和えなどに少々利用される程度。レンジで乾燥フレークにして保存もできますが、なんといっても新しい料理の工夫が必要です。

〈 育苗の基本と栽培のポイント 〉

**春のとう立ち期を除けばいつでも収穫できる野菜。
プランター栽培でき、日常的に楽しめる。**

1. 濡れ新聞で発芽

種が小さいですから、覆土3～4ミリ、濡れ新聞紙を発芽まで掛ける。

2. 本葉がでるまで

発芽が確認できたところで新聞紙をはずし、遮光ネットでカマボコ型に覆い本葉が出来るまで灌水を忘れないこと。

小さな種が発芽

3. 本葉まで時間がかかる

双葉から本葉になるまで時間がかかるが、詰まっている芽を間引きしながらジョウロで灌水する。

4. 曇天の日に移植

本葉4～5枚の頃、有機基本肥料を施した畝に苗を植え付ける。

本葉4～5枚で植え付け

5. 根の部分のみ植える

苗が小さいため、深植えすると枯れることがあるので注意。

7. 敷藁

春蒔きは夏場の乾燥に弱く、敷藁をして灌水する。

6. 冬季も元気

根付けば冬季も成長するので、**必要に応じて下葉から掻き取る。**

8. とう立ちを遅らせる

春にはとう立ちし始めるため、下葉ではなく新葉を摘んでとう立ちを遅らせる。

根付けば冬季も新葉が再生

外側から順次摘むのがポイント

病虫害対策

- 黄アゲハ蝶の幼虫がパセリの大敵。春、秋に黄アゲハ蝶が飛んでいたら要注意。よく観察して捕虫するか、もしくは安全を考えて防虫ネットを張る。

ユリ科

アスパラガス

いったん根付けば、毎年収穫できる

基本データ

原産地：ヨーロッパ、ロシア

難易度

お手軽　育て易い　やや難

スケジュール

月	作業
1月	
2月	
3月	種蒔き／植付け
4月	種蒔き／植付け
5月	収穫
6月	収穫
7月	
8月	
9月	収穫
10月	収穫
11月	植付け
12月	植付け

緑の茎葉が美しく、キジ（雉）の羽根のように見えるため別名「キジカクシ」とも呼ばれ、観葉植物としても珍重されています。植え付けから10年以上は収穫できるという、逞しい永年生（多年生）植物です。株根から萌芽した葉が出る前の若茎がやわらかく美味しい。光を遮断して栽培するホワイトアスパラガスもありますが、栄養価が高いのは、ビタミン豊富で、葉酸、アスパラギン酸、食物繊維を多く含むグリーンアスパラです。

〈育苗の基本と栽培のポイント〉

**数本残せば、残りの茎が光合成により、
根に翌年のエネルギーを蓄える多年生野菜。**

1. 根株からスタート

観葉ならば種蒔きから始めてもいいですが、収穫まで３年もかかるため、**根株の植え付けから始める**ほうがいいでしょう。

2. 種からもできる

種蒔きから始める場合は、前日に布袋などに入れた種を、風呂の残り湯に浸けておくと発芽の確実性が高くなる。

アスパラガスの根株

3. 根は長く伸びる

深根性であり、排水のいい耕土の深い畝を準備する。

4. 根に養分を蓄える性質

逞しい野菜だけに元肥に有機基本肥料をたっぷり。**（石灰分は多め）に施肥。**

5. 株を分けてもらうのが

晩秋の葉茎が枯れた頃、枯れた葉茎を刈り取り、翌春のために追肥しますので、掘り起こした畝の脇の**根株を誰かに譲っていただく**のがいちばん。（野菜苗のマーケットでは１年目の幼苗はありますが、根株はかなり高価で、あまり販売されていません）

種から芽が出た幼苗

6. 全部収穫しないこと

根株から始めると翌春から芽を出し収穫できますが、半分だけを収穫し残りの茎で根を育てることが必要です。（植え付けの翌々年からは本格的収穫が可能）

7. 茎が倒れないよう支柱

夏から秋にかけて葉茎が**人間の背丈まで伸びて倒れる**ことが多い。まず土寄せし、畝の周囲を囲むように支柱で支える。

8. 早めに収穫しないと硬くなる

収穫は**新芽２５センチ程で収穫。**それ以上草丈が伸びると茎が硬くなる。

茂るアスパラガスの葉茎

雌株の赤い実

アスパラガスの雌茎と雄茎

種の採取保存

■ 観葉として楽しみたいときは、葉が枯れかけた秋に赤い実を採取保存して春に種蒔き。

アオイ科

繁殖力旺盛なネバネバ健康野菜

陸海苔

（オカノリ）

別名はオカアオイ。野菜とは思われない恐ろしいほどの生命力があります。菜園にいったん種を蒔くと、剪定をしなければほかの野菜を駆逐します。日本では奈良時代から栽培されているともいわれ、乾燥した葉を揉んだものや、茹でた状態が海苔に似ているところからオカノリ（陸海苔）と呼ばれます。ビタミン、ミネラルを多く含んだ健康野菜として注目されています。その繁殖力にもかかわらずアクはほとんどなく、料理も天麩羅、おひたしなど多彩です。

基本データ

原産地：東アジア

難易度

お手軽　育て易い　やや難

スケジュール

1月
2月
3月　種蒔き
4月　植付け
5月
6月　通年収穫
7月
8月
9月
10月
11月
12月

〈 育苗の基本と栽培のポイント 〉

**野菜というより野草が似つかわしい、
強力な生命力で冬でも茂るたくましい野菜。**

飛散した種から新芽

1. 種蒔き

種蒔きから始めるときは、薄くバラ蒔きで３ミリ程度の覆土。風で種が飛び自生しているものが多い。

2. 発芽は早い

発芽までは濡れ新聞紙を掛けると、発芽は早い。

3. 多年生の野菜

多年生の強い生命力ですから、植え付け畝には肥料はほとんどいりません。

4. ２～３本の植え付け

本葉４枚以上で移植するが、**放置すれば３メートルの草丈**になることを考慮し、株間は６０センチ以上にする。(家庭菜園では２～３本の植え付けでじゅうぶんの量を収穫できる)

5. 菜園の隅に植える

成長するとほかの野菜への日光を遮断するため、菜園の隅に植え付ける。

6. ほかの野菜への影響を考慮

陰になる場所には、ミョウガ、三つ葉など日陰を好む野菜を植え付けることも一案。

7. 夏から秋が本番

気温が上がるに従い、どんどん伸び始め葉が茂り始めたところで、新葉の収穫も始める。(新芽を摘んでも脇芽が出るので心配はいりません)

8. 人間の身長で剪定する

人間の**手の届く高さで芯を摘み**、脇芽から出てくる新葉を増やすこと。(草丈を伸びるに任せておくと、種が飛散して隣の菜園の迷惑になる。また、伸びすぎた茎の処理がたいへん)

9. 冬にも葉が伸びる

冬季にも葉が伸びますが、少し硬くなる。

赤い花もある

初夏の葉

夏から秋が本番

種の採取保存

- 寒い冬にも花が咲き、実（種）がなる。
- そのまま放置しておけば、自然に種が飛散し春～初夏に芽を出しますが、冬の終わりに乾燥した種を採取保存。

3メートルの高さ・種の飛散に注意

シソ科

栄養豊富な赤紫蘇ジュースを作ってみましょう

赤紫蘇・青紫蘇

紫蘇が平安時代以前から栽培されてきたのは、毒消しなどの薬効とミネラル、ビタミンが豊富な野菜であるからではないでしょうか。レモンと比較して、カリウム、カルシウム、マグネシウム、リン、鉄分、亜鉛、銅、マンガン、加えてビタミン類にしてもすべて数倍以上の成分を含んでいます。芽、葉、花、つぼみ、子実のそれぞれの時期で利用できるすぐれ野菜です。

基本データ

原産地：中国南部、ヒマラヤ地方

難易度

お手軽　育て易い　やや難

スケジュール

月	種蒔き	植付け	収穫
1月			
2月			
3月			
4月	●		
5月		●	
6月			●
7月			●
8月			●
9月			
10月			
11月			
12月			

穂ジソは9月～10月の収穫

〈 育苗の基本と栽培のポイント 〉

発芽さえうまくいけば、あとは時々水を遣るだけ
手間いらずだが、水不足は葉が硬くなるので注意。

1. ちりめん系がやわらかい

赤紫蘇・青紫蘇それぞれに大葉系とちりめん系がある。

2. 均等に育てるため

種蒔きの前に苗床の表面を板で平らにしておく。

3. 砂通しで覆土

種が非常に小さいためバラ蒔きし、3ミリほど砂通しで土を掛ける。

濡れ新聞で発芽促進

4. 発芽に失敗することもある

種が浮かない程度に軽く灌水し、発芽するまで濡れ新聞の上に遮光ネットを掛けておく。

5. 気温に注意

自家採取の種は早く蒔いても休眠状態にあり、気温20度ぐらいまでは発芽は難しい。

6. 1本だけで冬まで残す

前年の種が飛散して自然に発芽した苗を集めて植え付けることもできる。

7. 植え込み準備

苗が5センチ以上になったところで、基本有機肥料を施した畝を準備する。

8. 有機石灰

ミネラルのもとになるカキ殻石灰を少し多めに施肥。

9. 除草がしやすい

ロープを張って苗を植え付けると、大きく育つまでの除草が簡単。

10. 紫蘇ジュースや梅干しに

ちりめん**赤紫蘇の葉は紫蘇ジュースや梅干し漬け**によく利用れる。

11. 脇芽から再度収穫

早めに20センチ残して刈り取っても、灌水すれば脇芽が伸びて再度収穫できる。

12. 穂ジソも美味しい

葉が硬くなり始める頃、開花しかけた花穂ジソを刺身のツマや天ぷらにもできる。

13. いろんな利用法

開花後にできる紫蘇の実は、漬け物によく利用されている。

等間隔に植え付け

バラ蒔きの発芽

紫蘇の実

柔らかい葉を摘む

病虫害対策

- 紫蘇は匂いも強く、病虫害も少ない野菜といわれてきたが、近年害虫に食べられることもある
- よく観察しながら唐辛子エキスの散布で対応する。

種の採取保存

- 種の採取は、完熟した実を枝が枯れて落ちる前に採取する。

キク科

香りのいい野生のものから栽培開始

蕗

（フキ）

蕗は元々野山に自生している日本原産の野草ですが、選抜改良され菜園でも栽培されるようになりました。蕗はなんといってもほろ苦さと歯ざわり。茎は煮物をはじめ、粕漬け、味噌漬け、佃煮などの常備菜。蕗のとう（花蕾）をまるごと揚げる春一番の天麩羅は旬の味がします。きざみ花蕾を味醂、砂糖を加えて炒め、味噌で和えた蕗味噌や、茎の皮をむいて酢味噌でいただく生食も美味しいです。

基本データ

原産地：日本

難易度

お手軽　育て易い　やや難

スケジュール

月	植付け	収穫
1月		
2月		収穫
3月		収穫
4月		茎は2年目の初夏 蕗のとうは3年目
5月		
6月		
7月		
8月		
9月	植付け	
10月	植付け	
11月		
12月		

〈 育苗の基本と栽培のポイント 〉

**茎皮のアクの強さは敬遠されがちだが、
旬の蕗の香りは多くのファンをもつ。**

蕗の根

1. 少し日陰がいい

蕗は乾燥に弱いため、あまり太陽の光が当たらない場所に、有機基本肥料を施して畝を準備しておく。

2. 生息地の調査

根株は園芸店でもなかなか入手しにくいが、入手できない場合は河川の土手や沢のある山で、あらかじめ蕗の繁殖している場所を確認しておく。

3. 根張りが強い

９月中に園芸用スコップを持って**根株を掘り出し**に行く。(移植ゴテでは根の張りが硬く掘り出しは難しい)

4. 当日に移植

掘り出した根株はその日の内に、準備しておいた畝に植え付ける。

5. 水平に植える

１５センチ以上に伸びている地下茎は、ハサミで切り**水平に植え付ける。**

6. 土壌のしっとり感

植え付け後は、**畝が乾燥しないよう敷藁**などをして、土壌のしっとり感を保っておく。

7. 冬は休眠

冬季になると葉は枯れるが、強健な地下茎は休眠状態に入る。

8. ３年目に蕗のとう

翌春には新芽がでるが、蕗のとうは期待できない。(３年目には、ほぼ蕗のとうを収穫出来る)

9. 採り遅れにならないように

蕗のとうの収穫は、早春からよく注意して見ていないと、**花が咲いて採り遅れ**になる。

植え付け後敷藁する

10. スダレで遮光対策

半日陰の場所が栽培に適しているが、春～秋にかけて日がよく当たる場所ならば、遮光ネットやスダレなどで対策をとる。

春には蕗のとうの収穫

11. 全部刈り取っては駄目

茎の収穫は、**良く伸びた茎だけを収穫**し、全部刈り取ることはしない。

フキのプランター栽培

セリ科

明日葉

（アシタバ）

「不老長寿の野菜」と呼ばれている

今日葉を摘んでも明日には新葉が出る、というのが名前の由来です。実際は新葉がでるまで4～5日はかかります。古くから「不老長寿の野菜」と呼ばれるほど、β―カロテン、ビタミンB群、ビタミンC、鉄分など豊富な栄養素を含み、強壮食材として珍重されています。独特の香りとやや苦みがありますが、新葉の天ぷら、おひたし、和えもの、鍋もの、汁物の具、佃煮などにすると、美味しく食べることができます。

基本データ

原産地：日本の伊豆大島、伊豆半島、房総半島

難易度

お手軽　育て易い　やや難

スケジュール

月	種蒔き	植付け	収穫
1月			
2月			
3月			
4月	●		●
5月	●		●
6月		●	●
7月		●	●
8月			●
9月			●
10月			
11月			
12月			

2年目から新葉の摘み取り

〈育苗の基本と栽培のポイント〉

**切り取っても、切り取っても、
次から次へと新葉が出る強健な野菜。**

1. 苗床で筋蒔き

苗床で筋蒔きし、本葉４～５枚まで育てたうえで、畝に移植する。

2. ４～５年で枯れる

４～５年そのまま同じ場所で栽培する多年生なので、有機基本肥料に加えて、**ゆっくり分解する樹皮堆肥、ピートモス、枯れた落葉をたっぷり**施した畝を準備する。

茎を破って出る新芽

3. ７０センチの草丈

移植するときは、**成長すると７０センチ以上の草丈**になることを想定して植え付ける。

4. 株分けも可

種蒔きからではなく、株分けによって栽培することもできる。

色鮮やかなアシタバの葉

5. 新葉を摘む

強健野菜なので、新葉をどんどん収穫する。また、新葉を摘むと、とう立ちを防ぐことにもなる。

切り口から生える新葉

6. 切り口から葉がでる

写真のように茎を切り取ると、**切り口からまた新葉が伸びる。**

7. とう立ちに注意

とう立ちは９～１０月、花茎が伸びてきたら切り取る。

8. 花が咲くと最終年

花茎を残しておくと開花、結実して、その株は枯れるのでご注意。

9. 地中で生きている

寒い地域では、冬季に地上部は枯れるが、春になれば地中から新しい芽が出るので心配いりません。

10. 寒肥

冬季に油カス、鶏フンを追肥しておくのもいいでしょう。

花が咲けば寿命

アシタバの種

種の採取保存

- 数本栽培し、新葉を摘まない株を残しておくと、夏から秋にかけてとう立ちし、冬に種を採取できる。
- **とう立ちした株は枯れる**が、たくさんの種を残しますから、翌年その種を蒔けば大丈夫。

アブラナ科

チンゲンサイ

ほのかな苦味が、炒め料理にはピッタリ

中国野菜のなかで日本人になじみ深いといえば、「青梗菜」（チンゲンサイ）。日本での本格的な栽培がはじまったのは、昭和47年の日中国交回復以降のことです。アブラナ科の野菜のなかでも、ビタミンA、B、βカロテン、カルシウム、カリウム、鉄分、食物繊維など栄養素が豊富です。煮くずれも少なく、スープ、煮込み料理も美味しいですが、なんといっても油との相性が良く、炒め料理は大人気となっています。

基本データ

原産地：中国

難易度

お手軽　育て易い　やや難

スケジュール

月	種蒔き	収穫
1月		
2月		
3月		
4月		
5月		
6月		
7月		
8月		
9月	●	
10月		
11月		●
12月		●

〈 育苗の基本と栽培のポイント 〉

葉が日焼けする春蒔き・夏採りよりも
チンゲンサイは旬の冬に楽しみたい。

チンゲンサイの本葉

1. 美味しいのは冬

秋の涼しい風が吹き始めた頃、種蒔きの前に石灰分を多めに有機基本肥料を施した畝を準備しておく。

2. 種が小さいため厚蒔きになりがち

基本的には筋蒔きをするが、種が**小さいため詰めすぎない**ように注意をする。

3. 高温が苦手

高温が苦手な野菜のため、発芽後暫くは銀色の遮光ネット（アブラムシ対策にもなる）や防虫ネットを掛けるほうがいいでしょう。

間引き収穫の時期

4. 間引きで２０センチ間隔

本葉が出た頃から間引きを始め、最大２０センチ間隔になるようにする。

5. 根元がふっくらしたとき食べ頃

根元がふっくらして、胴部がしまった頃が最上級品の収穫です。

間引きチンゲンサイ

チンゲンサイの収穫

病虫害対策

- アブラムシなどの害虫対策には、寒くなるまでは防虫ネットと唐辛子エキス（竹酢液）の噴霧が必要。

アブラナ科

菜花

（ナバナ）

「春一番」を告げる早春の野菜

黄色い花を咲かせる春一番を告げる野菜は、なんといっても菜花。元々菜種油を採取するために栽培されてきたのですが、その若い花蕾を「ナバナ」と呼んでいます。花菜（ハナナ）とも呼んでいますが、花蕾と花茎のほろ苦い風味は、なんとなく生命の息吹きを感じさせてくれます。寒い冬を抜け出し雪解けを祝う料理として、天ぷら、おひたし、辛子和え、酢味噌和え、浅漬けなどに珍重されています。

基本データ

原産地：ヨーロッパ〜中央アジア

難易度

お手軽　育て易い　やや難

スケジュール

月	作業
1月	
2月	収穫
3月	収穫
4月	
5月	
6月	
7月	
8月	
9月	種蒔き
10月	種蒔き、植付け
11月	
12月	

〈 育苗の基本と栽培のポイント 〉

**早春の花といえば菜花。
まだ寒い頃から花が咲く不思議な野菜。**

1. 日当たりのいい場所

日当たりのいい場所に、有機基本肥料（カキ殻石灰をたっぷり）を施した畝を準備する。

2. 発芽までネットを掛ける

バラ蒔き、もしくは筋蒔きして、発芽まで遮光ネットを掛ける。

3. 移植に弱い

移植に弱いため、間引き栽培のほうが無難。移植するときは曇天の日に根の土を落とさないよう、そっくり移し替える。

本葉４～６枚で移植

4. 密生すると茎が柔らかくなる

茎を柔らかく育てるためには、苗間隔を最終的に１０センチ程度で密生させる。

5. 秋採りもある

品種改良が進み、晩秋にはとう立ちし、開花する品種もある。(種袋を確認)

寒さにも元気な菜花の葉

5. １０センチで摘み取る

柔らかい菜花を収穫するには、蕾から１０センチ程度の茎を摘み取る。

6. 花が開く前に収穫

花が開いてしまうと、風味が落ちるため、**花蕾のあいだに収穫**する。

花蕾

春１番を告げる菜花

病虫害対策

- 冬に入るまでの本葉には、アブラムシの被害もあるため、遅蒔きにするか、防虫ネットを掛けるほうが無難でしょう

アブラナ科

大阪シロ菜

クセもなく、食味もある庶民派の野菜

基本データ

原産地：中国、日本

難易度

お手軽　育て易い　やや難

スケジュール

月	種蒔き	収穫
1月		収穫（周年野菜）
2月		収穫（周年野菜）
3月	種蒔き	収穫（周年野菜）
4月	種蒔き	収穫（周年野菜）
5月	種蒔き	収穫（周年野菜）
6月	種蒔き	収穫（周年野菜）
7月	種蒔き	収穫（周年野菜）
8月	種蒔き	収穫（周年野菜）
9月	種蒔き	収穫（周年野菜）
10月	種蒔き	収穫（周年野菜）
11月	種蒔き	収穫（周年野菜）
12月		収穫（周年野菜）

大阪天満が発祥の地といわれる大阪シロ菜。クセもなく食味があっさりしているので、いろんな調理が可能ですが、病虫害に弱く傷みも速い軟弱野菜です。

保存期間が短いだけに菜園で収穫したその日に料理するのがポイント。

古くから煮物、おひたし、胡麻和え、浅漬け、炒め物など、日本の伝統的な庶民料理には欠かせません。

シロ菜を漢字で書くと、白菜となってしまいますが、先祖をたどると、白菜と漬け菜の交配品種のようです。

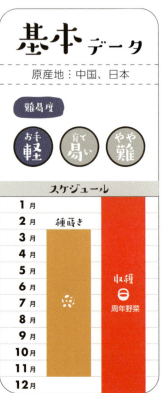

〈育苗の基本と栽培のポイント〉

虫がつきやすいので日常的な観察が大切。
傷みやすいので収穫したらすぐに食べたい。

モミ殻くん炭とシロ菜の発芽

1. 筋蒔き

種が小さいため、筋蒔き。覆土は薄めにして、発芽まで遮光ネットを掛けるのがポイント。

2. 寒い季節にはくん炭

温暖な季節には、種蒔きから**最短1ヶ月で収穫できる速成野菜**。写真のようにモミ殻くん炭を掛けておくと、寒い時期は太陽熱の吸収で発芽も早くなる。

3. 間引き栽培

大株に育てるには**間引き菜をしながら栽培**する。

4. 周年野菜

冬季を除き１ヶ月おきに種蒔きすると、ほぼ年間を通して収穫することができる。

本葉

収穫期

しろ菜の収穫期

病虫害対策

- ヨトウムシ、アオムシの被害にあうことが多く、発芽と同時に**防虫ネットを掛け**、さらに竹酢液（唐辛子エキス）を噴霧すると安全。
- 強雨で葉が土に張り付くこともあり、土壌菌に犯されることもあります。防虫ネットを掛けておくと、まず葉が倒れることはありません。
- 防虫ネットを掛けないときは、よく観察しながら、時々稀釈した竹酢や唐辛子エキスを噴霧する。
- 間引きのときに根元にヨトウムシがいないか確認することも大事。

アブラナ科

カラシ菜

（芥子）

ピリッと辛い、漬物や炒めものに

高菜の仲間ですが、高菜と比較すると、葉幅が細めでギザギザがあり、肉薄で草丈も短く、表面が毛につつまれているのが特長です。

葉を噛んでみると辛味があるのは、辛味成分のシニグリン。

トウ立ちしたカラシ菜の種は、カラシ粉（和ガラシ・別名オリエンタル・マスタード）やカラシ油の原料になっています。

日本では漬け物や油炒めなどによく使われ、その辛味成分が料理の美味しさを引き立てます。

基本データ

原産地：中央アジア

難易度

お手軽　育て易い　やや難

スケジュール

月	種蒔き	植付け	収穫
1月			●
2月			●
3月			●
4月			
5月			
6月			
7月			
8月			
9月	●		
10月	●	●	
11月	●	●	
12月			●

〈 育苗の基本と栽培のポイント 〉

**カラシナの移植は秋の後半。
たっぷり灌水してから行いましょう。**

1. 発芽しやすいアブラナ科

一般的にアブラナ科の種蒔は比較的簡単で、失敗することはほとんどありません。

2. 直蒔きもポリ鉢育苗も可

種蒔きと育苗は、菜園に直蒔きすることもできますし、ポリ鉢で育てることもできますから、菜園の状況に応じて選択してください。

筋蒔きの発芽例

3. 筋蒔きと点蒔き

写真は移植を前提とした筋蒔きですが、植え替えをしない場合は、**苗間隔２５～３０センチ**の点蒔きにしましょう。

4. 大雨による種の流出を防ぐ

直蒔きのときは、大雨で種が流失することもありますから、それを防ぐためにも発芽まで遮光ネットを掛けることをお勧めします。

5. 本葉４枚まで育苗

発芽を確認してからネットをはずし、**間引きしながら本葉４枚まで育苗。**

6. 移植

本葉４枚になってから、あらかじめ準備しておいた畝に移植する。

7. 天候と相談

移植は曇天の日にするのが望ましいのですが、晴天の日は夕方にたっぷり灌水してから行うと失敗しません。

本葉４枚で移植

根付いて新しい本葉

種の採取保存

- 春にカラシ菜の花が咲き種ができます。完熟した種を乾燥保存し、翌年の種蒔きに利用

ツルムラサキ科

ツルムラサキ

ほのかなクセも美味しいツル野菜

緑葉なのに、「ツルムラサキ」と呼ぶのは不思議です。

元々ツルが紫色の観葉植物の名前ですが、緑茎種のほうが葉も大きく、茎も太く、食感もいいので食用品種になり、名前がそのまま「ツルムラサキ」となっているようです。

食べるときは、湯がいておひたしや胡麻和えが一般的。ほかには、ぬめりのある納豆、モズク、山芋のとろろに混ぜるとか、ラーメンの具にもできます。

なによりも、鉄分、カルシュウム、ビタミン豊富なのが魅力です。

基本データ

原産地：熱帯アジア

難易度

お手軽　**育て易い**　やや難

スケジュール

月	種蒔き	収穫
1月		
2月		
3月		
4月	●	
5月	●	
6月		
7月		●
8月		●
9月		●
10月		●
11月		●
12月		

〈 育苗の基本と栽培のポイント 〉

ツルムラサキ（緑ツルと紫ツル）はツルは３メートルちかくにもなる。まず支柱を立ててから種蒔きや植え付けをする。

双葉の発芽

1. 24 時間浸してから

種子が硬いため、２４時間水に浸してから育苗箱やポリ鉢で発芽させる。

2. 支柱を立てた畝

ツルが３メートルにも伸びることを想定して、事前に合掌組の支柱を立てた畝を準備。

3. 基本肥料を軽く

畝の肥料は、植物堆肥、牛フンを中心に油粕少々を施肥する。

4. 移植の場合

本葉４～５枚の頃に、支柱の根元に苗を移植する。

5. ツルは柔らかい

本葉４～５枚の頃は、根元の茎（ツル）が柔らかく、ネキリ虫の食害にあうこともあり、根元に消石灰や竹酢液を撒くことも必要。

6. ツルの芯を止める

人間の手が届く範囲で摘芯すると、脇芽から新しいツルがでる。

ポリ鉢でツルムラサキの育苗

ツルが伸び始める前

ツルの色が紫が元の種

ツルが伸び始めた

葉の収穫

ヒルガオ科

エンツァイ

どんどん増える、竹の葉のような若葉

（中国野菜）

葉は竹の葉を細長くしたような形。薩摩芋と同じように、茎のサシ芽からもじゅうぶん栽培できる生命力旺盛な葉茎菜類です。

軽いアクがあるが、若菜を摘んで茹でれば、おひたしや胡麻和えになります。

独特の香りは豚肉とバターやゴマ油で炒めにすると、おいしい中国料理の定番が完成です。

高温多湿を好む野菜ですから、日本の気候風土にも適した夏野菜のひとつになりつつあります。

基本データ

原産地：熱帯アジア

難易度

お手軽　育て易い　やや難

スケジュール

	種蒔き	収穫
1月		
2月		
3月		
4月		
5月	■	
6月	■	
7月	■	■
8月		■
9月		■
10月		■
11月		
12月		

〈 育苗の基本と栽培のポイント 〉

**近年日本でもよく栽培される、
病虫害にも強く手間がかからない強健野菜。**

発芽から本葉へ

1. 初夏の筋蒔き

気温が上昇しはじめる初夏に筋蒔きをする。

2. 深耕した畝で

本葉４～５枚の頃、深耕した栽培畝に移植をする。

3. 牛フンを中心に基本肥料

畝にはカキ殻石灰、完熟堆肥、牛フンを施し、深耕しておきましょう。

4. 水分を好む

移植後は水分を好む野菜ですから、敷き藁などをして乾燥を防ぎながら水遣りが必要。

5. 柔らかい葉を摘む

草丈２０センチ以上になれば収穫可能。株元から５～６節残して摘み始めてください。

6. どんどん茂る

脇芽がどんどん出てきますから、何度も収穫可能なところが重宝されている。

エンツァイの栽培畝

気温上昇とともに
エンツァイの苗が育つ

発芽から本葉へ

column

有機菜園豆文庫 2

花蕾野菜

野菜には開花してしまうと食味が落ちるため、開花直前の花蕾(つぼみ)がいちばん美味しいものがあります。この花蕾野菜の代表的なものは、ミョウガ、菜花、蕗のとう、ブロッコリー、カリフラワーなど。季節ごとの旬の味を楽しむには、まだ少し硬い状態の花蕾をいただくのがいい。

自然(天然)農薬

化学薬品の農薬ではなく、天然素材で病虫害対策をするのが有機栽培。野草をはじめ自然界の植物から抽出しているので、自然農薬と呼んでいる。例えば、ニンニク液、ヨモギ液、木酢液、ハーブ液などいろいろありますが、お勧めしているのは竹酢液と唐辛子エキス。どちらも防菌・防虫効果があり、竹酢液はホームセンターで入手しやすく、唐辛子エキスは簡単に自家製造できます。(菜園マニュアル参照)

乳酸菌液肥

米のとぎ汁を利用して培養する液肥。野菜の根元に10倍ほどに薄めて、時々散水するとゆっくりと効果がでてきます。コメのとぎ汁と牛乳を、10:1の割合でペットボトルに入れておくと、2週間ほどで乳酸発酵が完了し、元になる培養液ができる。できあがった匂いは、ヨーグルトのような匂いがします。この培養液とコメのとぎ汁を、1:10の割合で繰り返していくと相当量の液肥が完成。

自家採種

美味しい野菜が栽培できたときに、元気な株を開花→結実→完熟まで残し、その種を乾燥保存する。翌年に種を蒔くと、あえて高価な種を購入しなくても、じゅうぶん栽培可能。ただし、最近販売されている種には、F1種という1代交配品種がかなり多くあり、翌年同じ野菜ができないこともありますからご注意(菜園マニュアル参照)。

多品目栽培

家庭菜園の魅力は、市場に出荷することを前提としていませんから、春夏秋冬、いろんな旬の野菜をつねに収穫できること。そのためには多少の手間暇はかかりますが、多品目栽培の作付け計画をたてることがポイント。多品目栽培は連作障害を少なくできるばかりか、たとえ病害虫が発生しても、すべての野菜が病気にかかることはありません。

EMボカシ肥

種蒔きや植え付けの10〜14日前の畝作りの時に施肥。健康な野菜を栽培するには、ゆっくりと効果がでるEMボカシ肥も有機栽培の基本のひとつ。EMボカシ肥は、コンポストで生ゴミの堆肥化にもよく利用されている。培養方法は、フタ付きコンテナーに以下の割合で混ぜ、時々水を軽く噴霧して「しっとり感」を保ちながら、3〜4月ほど混ぜながら寝かせておくと完成。(モミ殻3:米糠:3油カス1:鶏フン1:骨粉1+くん炭とEM菌と砂糖を少々)

防虫ネット・寒冷紗

果菜類は開花時に防虫ネットを掛けると、昆虫による受粉ができません。いっぽう葉茎菜類や根菜類は春や秋に防虫ネットを掛けると、飛来する害虫の被害をかなり少なくできる。ただし、土壌に産み付けられた卵が孵化してくる場合は、防虫・殺虫効果のある石灰系や竹酢液で対応しないと無理。防虫ネットや寒冷紗には、長期(20年以上)にわたり、太陽光によって劣化しにくいものを選ぶことがたいせつ(値段は割高)。この防虫ネットは、暴風雨対策、防鳥対策としてもじゅうぶん利用できる。

第三章

根菜《こんさい》

Konsai

Root vegetables

アブラナ科

大根

（だいこん）

日本人がいちばん愛してやまない根菜

四季を通して栽培できる周年野菜ですが、栽培しやすいのは秋蒔き冬採りの大根。日本の野菜では消費量トップであり、生産量も世界のトップ。地域によって形状、味が異なる品種があり、大きく分けると宮重など長く伸びる抽根性と桜島などの丸型短根性があります。食材としては、おでん、漬もの、おろし、サラダをはじめ、乾燥させては切り干し大根、ビタミン豊富な葉は炒めもの、炊き込んでは菜飯など、いろいろ利用されています。

基本データ

原産地：地中海沿岸

難易度

お手軽　育て易い　やや難

スケジュール

月	種蒔き	収穫
1月		収穫
2月		
3月		
4月		
5月		
6月		
7月		
8月		
9月	種蒔き	
10月	種蒔き	
11月		収穫
12月		収穫

蒔き時期をずらすと、長い期間収穫できる

〈 育苗の基本と栽培のポイント 〉

幼苗期のシンクイムシ、中期のアブラムシを防ぐことがいちばん。防虫ネットと天然農薬でのりきると、あとは大丈夫。

点蒔きの畝（3～4粒）

1. 畝の高さ 30 センチ

大根は白部半分以上が畝のなかで育つため、高めの畝（30センチ）を準備する。

2. 半月以上前に施肥

半月以上前に有機基本肥料（完熟堆肥、完熟鶏フン、油カス少々、カキ殻石灰）を施しておく。

3. 根の変型の原因

叉根などの根の変形、成育不良の原因は、畝のなかの**石塊**や**未完熟堆肥によることが多い**ので注意。

4. 無農薬栽培は手間がかかる

大根の無農薬栽培は、育苗の作業毎にネットを一部外す手間がかかりますが、やむをえません。

大根畝の発芽

5. 発芽のあとの土寄せ

発芽し双葉の頃から順次間引きを始め、土寄せして新葉が倒れないようにする。

6. 間引しながら土寄せ

本葉6～7枚以上で1本立ちにするまで、間引きと土寄せを繰り返えして育苗。

7. 間引菜は美味しい

無農薬で栽培していますから、間引き菜は美味しいおひたしや浅漬けにできます。

防虫ネット

大根の良好な成育

土に触れる下葉を取る（土壌菌対策）

病虫害対策

- **シンクイムシ**と**アブラムシ**が大根の大敵。
- 発芽の頃から希釈した唐辛子エキス（竹酢液）を噴霧し、栽培初期から草丈50センチ以上になるまで防虫ネットを掛けておく。
- アブラムシは葉の裏に着きますので、**唐辛子エキス（竹酢液）は葉の裏**まで丁寧にかける。

アブラナ科

丸大根

耕土が少し浅くても大丈夫

（聖護院大根）

大根といえば、ポピュラーなのは宮重などの青首大根ですが、地域の気候や土壌よって、形状や色合いも違った大根が栽培されています。たとえば、長大根では白首の練馬大根、砂地で深く柔らかい土壌で栽培する最長2メートルもあった守口大根、丸大根では直径35センチにもなる桜島大根や、関西でよく栽培されている聖護院大根などが有名です。丸大根は地層が浅くても栽培できるのが特長です。

基本データ

原産地：地中海沿岸

難易度

お手軽　育て易い　やや難

スケジュール

月	種蒔き	収穫
1月		●
2月		
3月		
4月		
5月		
6月		
7月		
8月		
9月	●	
10月	●	
11月		●
12月		●

〈 育苗の基本と栽培のポイント 〉

水分を吸収する吸収根が少ないため、丸大根は一般的にお青首大根より皮が硬い。

発芽成功

1. 畝は低くてもいい

施肥する有機基本肥料は青首（長）大根と変わらないが、畝の高さは２０センチ程度でも栽培できる。

2. 耕土の浅い土地

栽培耕土の浅い地域や開墾当初の菜園には向いている。

3. ３～４粒の点蒔き

種蒔きは青首（長）大根と同じように３～４粒の点蒔きにする。

4. 風通しをよくする

聖護院大根は収穫期には直径１５センチ程度になるため、種蒔き間隔は３０センチ程度が理想的である。

5. 土寄せと間引き

発芽と同時に間引きしながら苗を育てる。

6. ネットトンネルも低く

防虫ネットのトンネルの高さも青首（長）大根ほど高くしなくてもいい。

順次間引いて１本立ち

１本立ちにした丸大根

7. 土に触れる葉は取る

長大根も同様ですが、下葉が土に触れていると、そこから病気が発生することもあるため、下葉と黄色くなった葉は掻き取る。

8. イチョウ切り干し

大量収穫のときは、薄くイチョウ切りにして天日で干し、乾燥保存するのもいいでしょう。

根が丸くなる

病虫害対策

- 青首大根と同様の病虫害対策をする。

夏大根

アブラナ科

辛い大根おろしが大好きな人に

基本データ

原産地：地中海沿岸、中央アジア

難易度

お手軽　育て易い　やや難

スケジュール

月	種蒔き	収穫
1月		
2月		
3月		
4月	●	
5月	●	
6月		●
7月		●
8月		
9月		
10月		
11月		
12月		

大根は一般的には耐暑性がなく、耐寒性があるため秋冬野菜の代表格。ところが品種改良によって、春採りや夏採りもできるようになりました。夏大根の特長はなんといっても辛味。その辛味を好む人には大根おろし。蕎麦つゆや天ぷらつゆにもピッタリ。スーパーマーケットには、運送コストを下げるため葉を切り落とした大根がならんでいますが、これはモッタイナイ話。ビタミン、ミネラルたっぷりの大根の葉を料理に使いましょう。

〈 育苗の基本と栽培のポイント 〉

**冬大根に比べ甘味が少なく、スジっぽい。
その分辛みが強く、それを好む人もいる。**

1. 基本肥料

根菜に効果のある鶏フンとたっぷりの堆肥、**カキ殻石灰少々施した畝**を準備する。

2. 石コロと未完熟肥料が原因

根菜類の**叉根の原因となる石コロをできるだけ取り除く**こと。また未完熟**肥料が偏在すると、これも叉根の原因**になるので、耕耘機などで肥料と土をよく混ぜておくのが栽培のポイント。

点蒔きの発芽

本葉４枚で２本立

3. 発芽は早い

種は点蒔きで、４粒程度に蒔き、覆土をしてから遮光ネットを掛けておくと、３〜５日で発芽。

4. 寒いときに蒔くとトウ立ち

種蒔き時の**最大の注意点**は、最低気温が**１０℃以下で蒔くと、トウ立ち**することが多いので早蒔きしないこと。

5. 間引き

本葉４枚以上になった頃、間引いて２本立ちにする。

6. 間引き葉は柔らかい

草丈２０センチを超えたところで、しっかりした１本立ちに間引きし、間引き菜を浅漬け、おひたし、油炒めにすると美味。

7. 日差し対策もある

日差しが強いときは、葉の日焼けを防ぐために遮光ネットを掛けるのも一案。

8. 敷藁をする

１本立に間引きした段階で、土の跳ね返りと乾燥から防ぐための敷藁をするのもいいでしょう。

10. 小ぶりの大根

秋大根、冬大根と比べると、一般的に**収穫時の大きさはかなり小ぶり**です。

11. スジっぽい大根

灌水を怠ると、より水分の少ないスジの多い大根になりますからご注意。

9. 葉が拡がる

気温も関係しますが、秋大根、冬大根とちがって**葉が横に大きく拡がる**。

実る夏大根

葉部が横に拡がる

病虫害対策

■ モンシロチョウがやってきます。できれば防虫ネットを掛けるか、竹酢液や唐辛子エキスでこまめに防虫対策。

アブラナ科

紅大根

（チャイニーズ・ラディッシュ）

美しいだけではありません。病虫害にも強い

伝統的な日本の大根に比べると、小ぶりですが耐寒性、耐病性にすぐれ、日本人の嗜好にあうものが近年導入されました。形はずんぐりとして丸型も太長型もあり、外皮だけが紅いものから内部まで紅いものまで各種あります。この大根の紅色は、抗酸化作用のあるワインに含まれるポリフェノール。輪切りしたときの紅の色合いが美しく、甘酢漬けしたときのシャキシャキ感がなんともいえません。変わったところではピンクの大根飯も好評です。

基本データ

原産地：中国北中部

難易度

お手軽　育て易い　やや難

スケジュール

1月
2月
3月
4月
5月
6月
7月
8月
9月
10月
11月
12月

種蒔き

収穫

〈 育苗の基本と栽培のポイント 〉

**一般的に赤い野菜は病虫害には強い。
紅大根もアブラムシがつくことはほとんどない。**

紅大根の発芽

1. 小ぶりですが畝高は 30 センチ

畝を整えるときは、一般的に大根類は叉根を防ぐために、小石や雑草の根などをきれいに取り除くのが基本。畝の高さは 30 センチ。

2. 畝の中程から下部に施肥

有機基本肥料は、石灰類を耕すときに撒き、鶏フン、油かす少々は畝の中程から下部にかけて施肥する。

3. 種の大きさの 3 倍覆土

種蒔きは、30センチ間隔に、径5センチほどのビンの底で押して形を付け、3～4ケの種を蒔く。種の位置が偏らないように気をつけ、種の大きさの3倍の覆土を掛ける。

4. くん炭をかける

覆土のあとは、遮光ネットやモミ殻くん炭を被せると、温度、湿度が保たれ発芽がスムーズ。

紅大根畝

5. 双葉も間引き

双葉の発芽を確認できたら、双葉を3本にしぼり、軽く土寄せをする。

6. 土寄せも必要

本葉3～4枚の頃、間引きで2本立てにし、軽く土寄せをする。

本葉4枚頃で2本立

7. 最後の 1 本立ち

本葉7～8枚の頃に最終間引きで1本立てにする。

1本立にすると葉は茂る

8. 成長が速い

成長が速く、気温により種蒔きから40～50日と短期収穫もできる。

後暫くすれば収穫

病虫害対策

- 病虫害には強い品種ではあるが、アブラムシ対策として時々稀釈した竹酢液を噴霧するほうが安全です。

アブラナ科

葉大根

葉を食べる品種。ビタミンがいっぱい

大根の葉には豊富なビタミンが含まれていることはよく知られていますが、茎が硬くなり、アクが強くなって捨てられてことも多々。ところが、この葉大根は葉の表面がなめらかで、緑鮮やかで軟らかな葉を専用に食べる改良品種です。極寒期を除けばいつでも種蒔きができ、30日程度で収穫できるため、「四季採り葉大根」とも呼んでいます。根を食べる品種ではありませんから、プランター栽培もじゅうぶん可能です。

基本データ

原産地：地中海沿岸地域

難易度

お手軽　育て易い　やや難

スケジュール

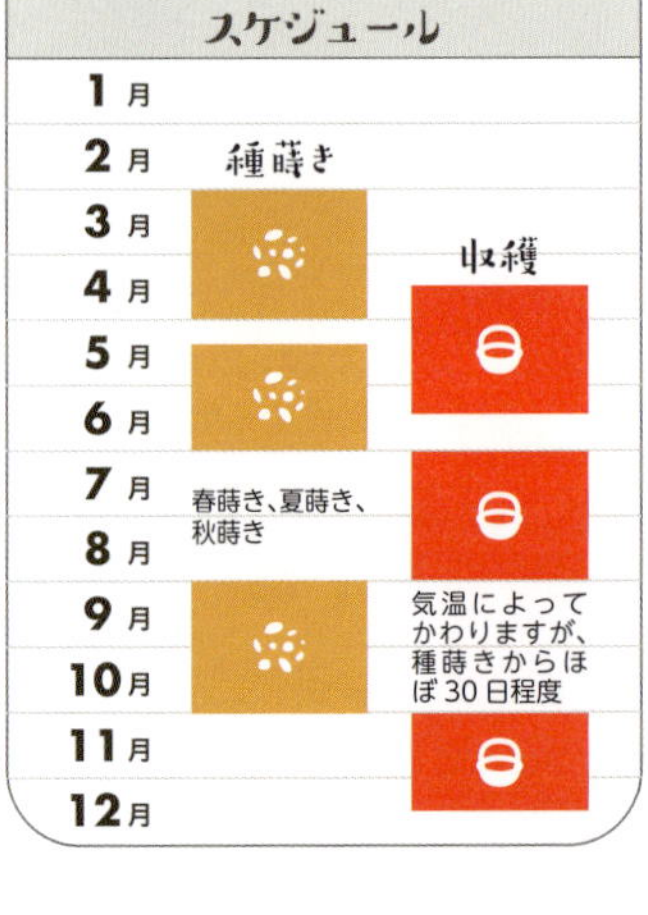

〈育苗の基本と栽培のポイント〉

根菜とは言うものの葉もの野菜である。葉大根はビタミン豊富な葉を食べる。

葉大根発芽

双葉から本葉へ

1. 牛フンを中心に

一般的に根菜類には鶏フンが効果的なのですが、葉大根にかぎり牛フンを中心に有機石灰（カキ殻石灰）を少々施して高さ２０センチ程度の畝を準備。

2. 株間８センチ

薄く筋蒔きをして、**双葉発芽後に株間を８センチ**になるように順次間引きをする。

3. 夏蒔きはネット

夏蒔きの葉大根は、**夏の強い陽射しで葉が焼けること多々あり。写真のように遮光ネット**をかけると大丈夫。

夏の遮光ネット

4. 間引き大根は美味

本葉２０センチの頃から間引き収穫を始め、おひたしに。また、油炒め、浅漬けなどにすると、栄養価の落ちない柔らかい葉大根を食べることができる。

5. 収穫時期

本葉３０～３５センチ、根部１０センチの頃が、いちばん美味しい収穫時期になる。

6. 黄変し始めると終わり

それ以降は、下葉が黄変し始め、葉も少し硬くなりますから、最終収穫と判断してください。

茂る葉大根

病虫害対策

- アブラムシによってウイルス病に罹ることもありますから、葉の裏への竹酢液の噴霧や、防虫ネットで対応しましょう。

アブラナ科

ラディッシュ

二〇日で収穫、プランター栽培もできる

栽培期間が短いので別名「二十日大根」と呼んでいます。ただし、20日で収穫できるのは夏季だけで、春や秋は30日、冬はビニールトンネルで50日ほどかかります。草丈も短く根部も小さな小型野菜だけに、ベランダ菜園（プランター栽培）には最適です。紅の彩りが鮮やかで、生食のサラダやピクルスなど酢のものが好評。完熟期を超えると根部が割れて味も落ちるため、大きくなったものから順次収穫していきます。

基本データ

原産地：ヨーロッパ

難易度

お手軽　育て易い　やや難

スケジュール

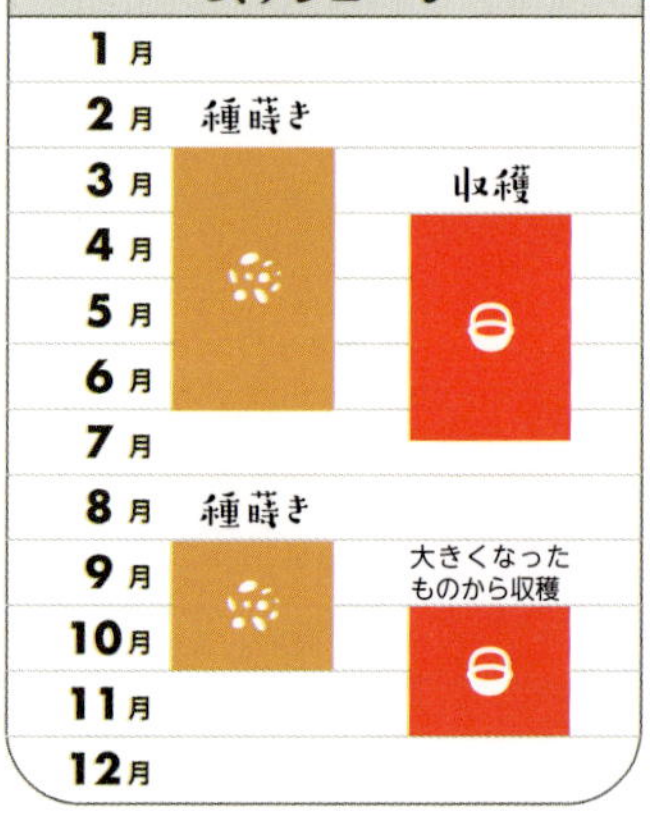

〈育苗の基本と栽培のポイント〉

色彩りもいい手軽な大根。
なんども収穫できるのが魅力。

双葉で間引き・土寄せ

1. 1年に何回も収穫

家庭菜園では、種袋全部を蒔かず、**時期をずらしながら何回かに分けて蒔く**と、数回収穫を楽しめる。

2. プランター栽培もできる

有機基本肥料を施した畝やプランターに、バラ蒔きもしくは筋蒔きし、覆土は0.5センチにする。

3. 密集はよくありません

風通しをよくするため、双葉の段階から**間引き栽培**する。

4. 双葉のときの手入れ

双葉の苗が倒れそうなときは、**根元へ軽く土寄せ**する。

5. 間引き菜もいろいろ利用

本葉の段階でも草丈の大きさを見ながら間引きする。(間引き菜はおひたし、サラダ、浅漬けにも利用)

本葉が茂る

株間隔をあけると丸くなる

大きいものから間引き収穫

6. 間隔をあける

ラディッシュは均一には成長することがなく、赤く丸く育ったものから収穫していく。

赤と白の美しい対比

7. 完熟をすぎると割れる

完熟を過ぎると割れるため、割れる前に適宜収穫していく。

病虫害対策

- 双葉、本葉3～4枚の段階からアオムシ、ヨトウムシなどの害虫被害にあうことがある。
- 芽がでると同時に、**防虫ネット**を掛けるなり、本葉がしっかりするまで薄めた唐辛子エキスを噴霧するのがいいでしょう。

アブラナ科

カブ

冷涼な気候を好み、和食には欠かせない上品さ

（聖護院カブ）

千枚漬け（京都の聖護院カブ）や甘味がでる煮ものなど、日本料理には欠かせないカブ。春の七草のひとつ、スズナも形状が鈴に似ているのでスズナ（鈴菜）と呼んでいますが、カブの品種のひとつ。栄養価は葉のほうにミネラル、ビタミンが多く含まれ、葉を食材にした料理の工夫もたいせつです。色（白や紅）や形状が地域によりいろんな種類があり、おおむね冷涼な気候を好み、生育期間も比較的短い根菜です。

基本データ

原産地：アフガニスタン

難易度

お手軽　育て易い　やや難

スケジュール

月	種蒔き	収穫
1月		
2月		
3月		
4月		
5月		
6月		
7月		
8月		
9月		
10月		
11月	秋蒔き	
12月		

〈育苗の基本と栽培のポイント〉

カブは気温、湿度によりデリケートに反応する野菜。丁寧な手入れをすると大丈夫。

本葉が出揃う

1. 成育期間が短い

秋蒔きが育てやすいが、カブは成育期間が短いため、収穫時期を考えて種蒔きする。(おせち料理には遅蒔きで準備)

2. 高さ 20 センチの畝

有機基本肥料を施した高さ２０センチ程度の畝を準備する。

3. 種は小さい

種が小さいため筋蒔きし、覆土は３～４ミリ程度にする。厚蒔きになりがち。

4. 発芽までネット

発芽までは発芽（遮光）ネットを掛けて、ジョウロで灌水する。

ロープ張り・筋蒔き

間引きしながら間隔を空ける

5. 変型根の原因

本葉から間引きをして**株間を等間隔にしていく**と、変形根になりにくい。(無農薬栽培の良いところは、間引き菜も、おひたし、汁ものの具、浅漬けなど、無駄なく食材にできる)

6. 水遣りは定期的に

カブは乾湿の変化に弱く、土壌のしっとり状態を保たないと裂根になりやすい。

7. 採り遅れも裂根になる

採り遅れも裂根の原因になるので、大きくなったものから収穫する。

8. サメ肌の原因

気温が急に下がりはじめると、表皮がサメ肌になるので、１２月頃からはビニールトンネルにするのも対策のひとつ。

大きなものから収穫

病虫害対策

- **早採りにはアブラムシ**が付きやすく、発芽から防虫ネットを掛け、時々稀釈した唐辛子エキス（竹酢液）を噴霧する。

アブラナ科

赤カブ

なによりも彩りの良さ。酢漬けが好まれる

カブは、日本全国には色形、大中小、多種多彩。日本では歴史は古く弥生時代に伝来したといわれていますが、文献で現れるのは『日本書紀』の持統天皇期。赤カブも北海道から九州まで地域品種があり、彩りの良さから珍重されています。春蒔きもありますがトウ立ちしやすいため、美味しいのは晩秋から冬に収穫のカブです。主に漬け物が多く、有名なのは、飛騨高山の酸味のある赤カブ漬け、滋賀県の根が長く伸びる日野菜カブの糠漬けなどがあります。

基本データ

原産地：アフガニスタン、南ヨーロッパ

難易度

お手軽　育て易い　やや難

〈 育苗の基本と栽培のポイント 〉

**白カブに比べると病虫害に強いが、
表皮や中身がやや硬いのが特徴。**

1. 短期成育

カブは大根と比較すると成育が早いため、種蒔き時期を遅らせ、１番蒔きと２番蒔きをすると、正月のお節料理にも利用できる。

2. 病虫害に強い

赤カブは白カブに比べて病虫害には強い種類。

根の部分がピンクの双葉

3. 間引き栽培

種蒔きは筋蒔きをするが、**やや薄めに蒔いて間引き**をしながら苗を育てる。

4. 根や茎がピンク

赤カブは双葉のときから、根の部分がピンク色になる。

本葉４～５枚で間引き

5. 株間隔 20 センチ

本葉４～５枚頃から間引きを始め、**間引き菜は浅漬けや油炒め**にすると美味しい。**株間隔を２０センチ程度**まで間引きする。

6. 葉は大きくなる

丸型の赤カブは葉丈が良く伸び、カブの変種の野沢菜のように、**葉は大きく茂る。**

順調に成育中

7. 中身も赤い品種がある

品種によって、皮だけが赤いものから、内部がピンクになるものなど種類はいろいろ。

収穫まであと暫く

赤カブの収穫

病虫害対策

- 色もの野菜は、**白もの野菜と比較すると一般的に病虫害に強い**が、赤カブも寒くなるまで防虫ネットを掛ける方が無難。
- 万が一アブラムシが葉の裏についたときには、手で洗い落とし竹酢液を噴霧すると大丈夫。ただし、この作業は初期の段階で処置しないとたいへんです。

アブラナ科

紅長カブ

紅とシロのコントラストが珍しい

（日野菜カブ）

細長い根菜ですが大根ではありません。成長しても直径が2～3センチ太さで、地上部は紅紫、地中部は白という珍しいカブの種類。別名「赤菜」「緋の菜」とも呼び、「近江の伝統野菜」としてよく知られている滋賀県日野町の在来種です。食感は大根に比較するとやや硬く、少し辛味があるのが特長。紅白の彩りもよく、風味のある漬け物として、塩漬け、糠漬け、粕漬け、甘酢漬けなどにはピッタリの根菜です。

基本データ

原産地：滋賀県日野町

難易度

お手軽　育て易い　やや難

スケジュール

月	種蒔き	収穫
1月		
2月		
3月		
4月		
5月		
6月		
7月		
8月		
9月	種蒔き	
10月	種蒔き	
11月		収穫
12月		収穫

〈 育苗の基本と栽培のポイント 〉

**地上部は紅、地下部は白のカブ。
大根作りの畝と同じように準備する。**

1. 畝高 30 センチ

根が地下部にかなり伸びますから、有機基本肥料を施し、大根畝の高さで種蒔き畝を準備する。

2. モミ殻くん炭をかける

種が小さいため、支柱などであらかじめ筋をつけ、出来るだけ密集しないように種を蒔き、覆土は薄めに。モミ殻くん炭などを掛けておくと温度と湿度が保たれ発芽しやすい。

日野菜カブの発芽

3. 早めに間引き

双葉がひらいたら、早めに密集部分を間引きする。

4. 土寄せ

本葉２枚の段階でも間引きをして、軽く土寄せをする。(間引き菜は汁物に利用)

5. 最終株間隔 10 センチ

間引き作業は、軽く土寄せしながら最終的に株間 10 センチまですすめ、間引きカブは浅漬けにする。

日野菜の本葉

日野菜カブの本葉

6. 直径 2 ～ 3 センチで収穫

地上部の**直径が 2 ～ 3 センチ**の頃が最終、最良の収穫期。

7. 色彩りが美しい

根元を掴んで引き抜くと、地上部は美しい薄紅色、地中部は純白色になっている。

間引き後

葉がピンと立つ

日野菜育成中

病虫害対策

- アオムシ、アブラムシの対策として、種蒔き後の９月～１１月中旬まで防虫ネットを掛ける。
- **アブラムシは、防虫ネットを掛けていても発生することがある**ため、間引き作業のときに葉の裏を点検し、稀釈した竹酢液を予防的に噴霧する。
- 早い段階でアブラムシの発生を発見次第、**発生部の葉を掻き採り**、竹酢液を葉の裏を中心に噴霧する。
- それ以上発生した最悪の場合は、竹酢液に浸した雑巾で洗い採るしかありません。

セリ科

五寸ニンジン

栽培もかんたん、もっともポピュラーなニンジン

（西洋系）

基本データ

原産地：アフガニスタン

難易度

お手軽　育て易い　やや難

スケジュール

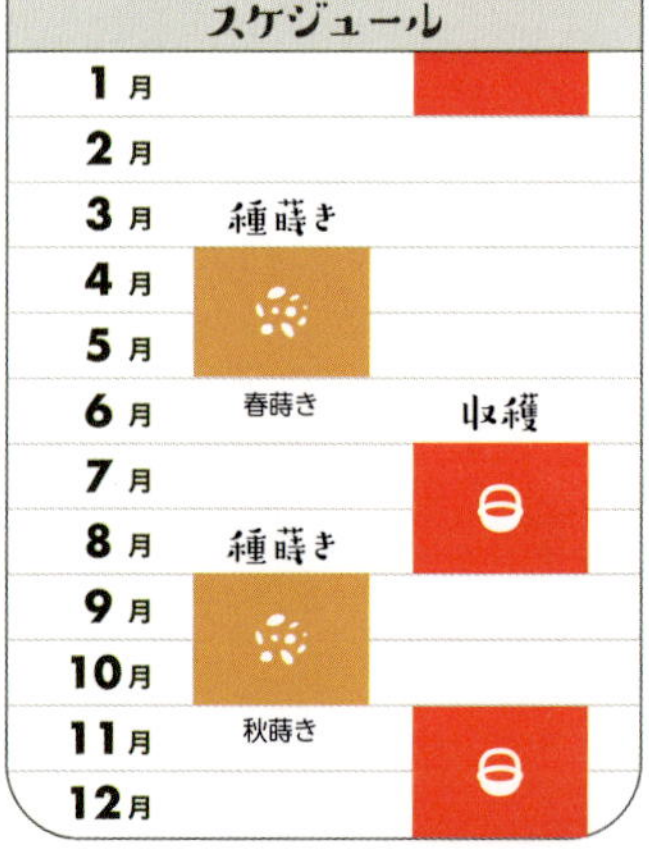

五寸ニンジン、三寸ニンジン、ミニキャロットと三種の系統。冬野菜の金時ニンジン（東洋系）に対する西洋系品種。カロテンをたっぷり含み、ビタミンA、B、Cも多い緑黄色野菜です。サラダなど生食も美味しく、煮物、炒め物は春夏秋冬、甘味を加える食卓のたいせつな相棒になります。タマネギ、ジャガイモとならんで、家庭の常食三野菜と呼ばれています。

〈 育苗の基本と栽培のポイント 〉

**金時ニンジンほど栽培は難しくない。
草抜きを丁寧にすれば失敗は少ない。**

1. 早めに畝の準備

元肥に有機基本肥料を施した高い畝を準備する。

2. 根腐れの原因

根菜一般、排水が悪いと根腐れの原因にもなる。

3. 初期の手入れ

ニンジン栽培のいちばんのポイントは、芽出しと初期の手入れをていねいにすること。

ニンジンの発芽

4. 砂通しで覆土

種がちいさいため、覆土（掛ける土）は砂通しで３ミリ程度。

5. 腐葉土やくん炭

発芽後の乾燥を防ぎ、雑草を抑えるには腐葉土を薄く掛けるのもいいでしょう。

6. 遮光ネットの利用

発芽を確実にするためは、発芽（遮光）ネットや濡れ新聞を掛けて湿度を保つ。

7. 種の流出を防ぐ

遮光ネットや新聞を掛けておくと、種蒔き後の強雨で種の露出や流失がありません。

8. 草の方が早く伸びる

発芽後は周りの雑草が伸びるスピードに負けるため、除草作業と灌水を丁寧にする。

9. 間引き菜の天プラ

間引きしながら間隔を広くしていきますが、柔らかい初期の間引き菜は油炒めや天ぷら。

間引きして炒めもの

徐々に間引き

10. 味噌保存

完熟期に大量収穫のときには、味噌漬けなどにして保存。

11. 完熟を過ぎると割れる

完熟期を過ぎると、根が割れ始め、味も落ちるので注意。

五寸ニンジンの花

収穫は首の太さで判断

病虫害対策

- セリ科特有の匂いでアゲハ蝶以外の害虫はほとんど付かないが、まれにヨトウムシがきたときには米ぬかトラップで捕獲する。

セリ科

金時ニンジン（東洋系）

発芽に成功すれば大丈夫。リコピンの紅があざやか

オレンジ色の三寸ニンジンや五寸ニンジン（西洋系）に対して、紅の色が鮮やかな金時ニンジンは東洋系ニンジン。原産地はともにアフガニスタンですが、長い品種改良の歴史の中で分岐しました。金時ニンジンは、露地もの栽培では秋蒔き冬採り、根の長さが40センチ以上になります。西洋系ニンジンとの違いは長さだけでなく、西洋系ニンジンのオレンジ色はβカロテンなのに対し、金時ニンジンの紅はトマトと同じリコピンです。

基本データ

原産地：アフガニスタン

難易度

お手軽　育て易い　やや難

スケジュール

月	種蒔き	収穫
1月		収穫
2月		
3月		
4月		
5月		
6月		
7月		
8月	種蒔き（筋蒔き）	
9月	種蒔き（筋蒔き）	
10月		
11月		
12月		収穫

〈 育苗の基本と栽培のポイント 〉

ニンジンは発芽後の成長がゆっくりしている。
雑草の成長に負けてしまいますから、草抜きを怠らないこと。

筋蒔き畝に発芽ネット

1. 収穫時には 40センチを超える

栽培の方法は西洋系ニンジンと変わらないが根部が長い。大根と違って根部が地表にでないため、できれば畝の高さを50センチ程度に準備する。

2. 発芽はデリケート

金時ニンジンは西洋系ニンジンに比べて発芽はデリケートである。

3. 刺激を与える方法

種に刺激を与えるため冷蔵庫でいったん冷やしてから、濡れタオルに1晩浸しておいた種を蒔く方法もある。

4. 水を含ませた畝

種の発芽は乾燥に弱く、蒔き筋に水を含ませてから種を蒔く。

5. 扁平な種

種は小さく扁平なため、覆土は砂通し（ザル）で薄く3～5ミリ程度に掛け、そのうえに発芽（遮光）ネットを掛けておく。

6. 腐葉土やくん炭

覆土のあと腐葉土などを種筋に沿って薄く掛けておくと発芽がよく分かる。

金時ニンジン畝

7. 遮光ネット

種蒔きが台風シーズンにあたるため、大雨で種が流されないように必ず発芽（遮光）ネットを掛ける。

発芽に成功

8. 発芽後すぐはずす

発芽に成功したらすぐにネットをはずすこと。（遅れるとネットをはずすときに新芽を抜くことになる）

9. 土寄せもする

発芽して暫くした頃、新芽が倒れないよう軽く土寄せをする。

あと暫くすると収穫

10. 畝の草抜

初期成長がゆっくりしているため、成長の速い雑草に負ける。（周りの草抜きがたいせつ）

11. 11月上旬に追肥

葉が茂る11月上旬に鶏フンを追肥。

金時ニンジンの追肥

病虫害対策

- 葉が食べられていたら、ヨトウムシ、もしくはアゲハ蝶の幼虫が原因。
- 緑に黒筋のアゲハ蝶の幼虫は、よく観察すると分かるので取り除く。
- 夜行性のヨトウムシは朝には根元の土の中に隠れているので、軽く掘ると発見できる。
- ヨトウムシの発見後はただちに米ぬかトラップを仕掛ける

（袋栽培例）

キク科

ゴボウ

日本の食卓には欠かせないゴボウの味

最近までゴボウ（牛蒡）を食材としてきたのは、日本と朝鮮半島。ヨーロッパやアジアの諸国では古くから薬草として栽培されていました。日本には縄文時代に中国から渡ったとみられ、食材としての栽培の始まりは平安時代。日本料理にはその独特の甘みは欠かせないものですが、食物繊維が豊富なことから整腸作用はもちろん、健康食材としても貴重な根菜です。ここでは家庭菜園向きの肥料袋を利用した栽培法を中心に紹介しましょう。

基本データ

原産地：地中海沿岸、西アジア

難易度

お手軽　育て易い　やや難

スケジュール

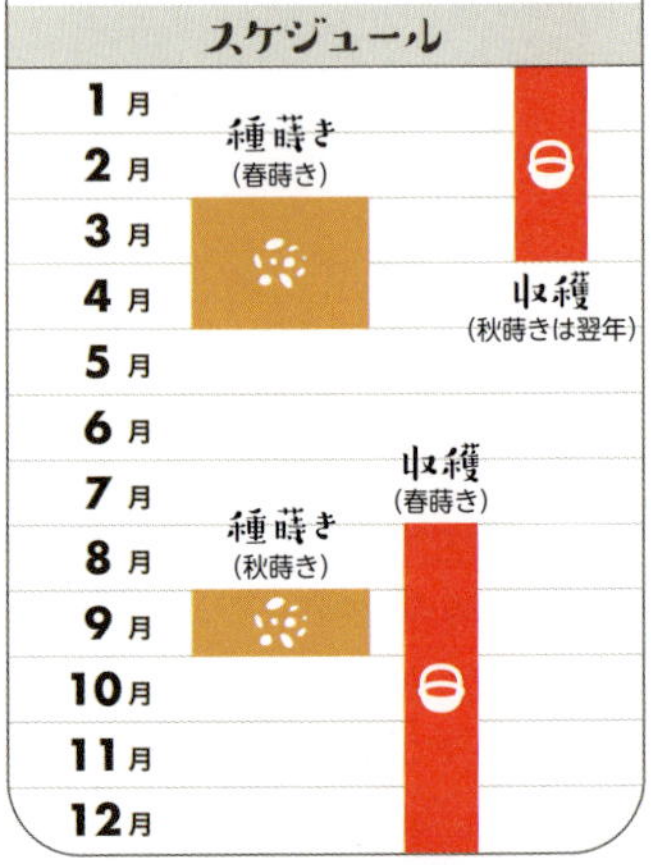

〈育苗の基本と栽培のポイント〉

根菜類は一般的に収穫まで時間がかかるが、栄養価も高く、保存のきくものが多い

高い畝ではゴボウの筋蒔き

1. 短く太い品種もある

根が80センチ以上になる種類もあり、家庭菜園では短い品種の種を購入する。

2. 肥料袋栽培

肥料袋栽培では、根が短い５０センチ程度になる品種を選んだほうがいい。

肥料袋で種蒔き

3. 大きな肥料袋

菜園で使った大きな肥料袋をいくつか準備する。

4. 底に穴をあける

多湿に弱いので、袋の下部に小さな穴をたくさん開ける。両端を５センチほど切り取ってもいい。

5. 追肥ができない

酸性に弱く、追肥はほとんどできないので、有機基本肥料**（カキ殻石灰多め）**をたっぷり混ぜ、土を準備する。

6. もみ殻や川砂

苗床が硬くならないように、**もみ殻や川砂を少し混ぜる**

家庭菜園では短形ゴボウ

7. 表面が沈むのを待つ

苗床袋に土を入れ、表面を平らにして６～７日のあいだ土が下がるのを待つ。

8. ぬるま湯に浸けた種

土が下がったところで、１晩ぬるま湯に浸けた種を、箸で穴を開けて１センチの深さで蒔く。

9. 発芽が勝負

発芽が勝負なので、黒の発芽ネットやスダレを掛けて、表面が乾燥しないように水遣りをする。

10. 本数を確定

無事に発芽したら、詰まり過ぎている双葉を間引きする。

灌水が大事

袋をカッターで切るとゴボウ

病虫害対策

- **ウドンコ病**には早めに食酢（５～１０倍稀釈）を噴霧。
- アブラムシが発生したときは、１０倍～３０倍稀釈の唐辛子エキスなどの噴霧。（予防的に発生前から噴霧すると効果的）

収穫と保存

- 収穫予定期にはカッターで肥料袋を破り、成長具合を確かめてから順次収穫していく。

キク科

葉ゴボウ

（サラダゴボウ）

速成栽培で美味しいゴボウサラダ

新鮮な香りの若い根と柔らかい葉柄の食感が人気の葉ゴボウ。一般的にはゴボウの葉柄は硬くアクも強いため料理にはほとんど利用されませんが、サラダ向きに品種改良された極早生種の葉ゴボウは、葉茎の伸びがとても早く根も葉も香りよく美味しい。気温にもよりますが、早いものは種蒔きから100日で収穫できます。ミネラル、食物繊維に富む健康野菜ですから、家庭菜園でも挑戦してみましょう。

基本データ

原産地：地中海沿岸、西アジア

難易度

お手軽　育て易い　やや難

スケジュール

月	種蒔き	収穫
1月		収穫
2月		
3月	種蒔き 春蒔き	
4月	種蒔き	
5月		
6月		収穫（春蒔き）
7月		収穫
8月	種蒔き 秋蒔き	収穫
9月	種蒔き	
10月		
11月		
12月		収穫

〈 育苗の基本と栽培のポイント 〉

葉ゴボウは葉柄も軽く湯通しをして、食べるサラダゴボウ。根はもちろん軽くアク抜きをして美味しく食べる。

1. 気温に注意

春蒔きは気温に注意し、平均気温15度以上で種蒔き。発芽は難しく12時間ほど風呂の残り湯などに浸しておいた種を蒔くと発芽率アップ。

2. 鶏フンの施肥

葉ゴボウといえども根菜類ですから、鶏フンとカキ殻石灰を施した畝の高さは大根の畝程度に準備。

3. 覆土をする

覆土は5ミリ～6ミリ。厚く掛けすぎないように注意する。

4. 10～15日が目安

発芽までひんぱんに散水。10～15日で発芽するのが標準。

5. しっとり感を保つ

表層を乾燥させると発芽に失敗しますから、寒冷紗をかけ湿度を保つと効果的。もしくはモミ殻クン炭や腐葉土などを薄く掛け、水分の蒸発をおさえるのもいいでしょう。

葉ゴボウの双葉

6. 間引きは早めに

本葉2枚の段階で株間3～5センチに間引きをしましょう。間引きが遅れると抜くのが難しくなる。

7. 土寄せ

間引きの後は、浮いた根がないかを確認し、薄く土寄せしておく。

8. 根径1センチ

収穫の目安は根径1センチ弱。それ以上太くなると硬くなりサラダには向きません。

本葉が出たら均等間引き

収穫まであと暫く

ヒルガオ科

薩摩芋

（さつまいも）

痩せた土地でも立派な芋ができる

手間暇も栽培技術も肥料さえも要らないといわれてきた薩摩芋。高温や乾燥に強く、ほとんど土壌も選ばない強健な根菜です。そのうえ、食物繊維やビタミン豊富で、ツルまでも食材になり、繁殖力旺盛で収穫量が多いとなれば、開墾地には最適の野菜です。江戸時代に中国、琉球経由で日本に渡来したときは、甘藷（カンショ）と呼んでいましたが、薩摩藩で量産されるようになって薩摩芋の名が定着しました。

基本データ

原産地：熱帯アメリカ

難易度

お手軽　育て易い　やや難

スケジュール

月	作業
1月	
2月	
3月	
4月	
5月	植付け
6月	植付け
7月	
8月	
9月	
10月	収穫
11月	収穫
12月	

〈育苗の基本と栽培のポイント〉

手間いらずの根菜です。ただし、排水が悪いと腐る特徴がある。

1. 施肥をしない

堆肥少々、草木灰少々を施した高めの畝を準備する。

2. ツルボケ現象

窒素系肥料が多いと、いわゆる**ツルボケ**を起こし、ツルばかりが伸びて芋は太らない。

苗の植え付け

3. 残留肥料に注意

菜園の場合は、前作の肥料がいくらかは残っているため、施肥しないほうが無難です。

4. さし木栽培も可

芽出しには温床がいるので、市販の苗の植え付けから始める。早めに購入した苗のツルでさし木栽培もできる。

5. 斜め植え

苗は斜め植えにし、本葉は地上に出しておくこと。

畝に伸びたツル

6. ツルあげをする

家庭菜園ではツルが伸びすぎて、隣の畝の野菜を圧倒するので、**時々ツルあげをする**こと。（ツルの茎を採り、炒め物、佃煮、天麩羅にもできる）

7. 夏には緑のフェンス

巻きツルはないので、写真のように上に誘引すれば**緑のフェンス**ができる。

誘引すれば緑のフェンス

8. 日照りのとき以外は不要

他の野菜と違い、植え付け時以外はほとんど灌水する必要はありません。

サツマイモの収穫

収穫と保存

- いつまでも葉が茂り、収穫時期が分かりにくいので、いちばん端の株で試し掘りをして、大きさを確認してから収穫する。
- 霜が降りる前に収穫を終える。
- 収穫時には、畝の横溝からスコップでゆっくり掘らないと、芋に傷をつけたり裁断するので注意する。
- 大量のツルは、そのまま**放置してもなかなか枯れません**。できれば押し切り器で細断して堆肥にする。

ヤマノイモ科

スリおろしやタンザクは絶品の味

山芋

（自然薯、長芋、イチョウ芋、ヤマノ芋）

里の湿地を好む里芋に対して、落葉が堆積する山の斜面を好む山芋。山に自生する山芋（自然薯）は粘りがあり美味しいですが、掘り出す苦労がたいへん。平安時代から貴重な食材であったという記録があります。山芋には、一般的には長芋（自然薯の改良種）、イチョウ芋、ヤマノ芋と分類され、形状や粘り、香りにそれぞれ違いがあり、強壮食材として人気があります。擂りおろしのとろろ料理やムカゴごはんは、冬季の嬉しい料理になります。

基本データ

原産地：中国華南西部

難易度

お手軽　育て易い　やや難

スケジュール

月		
1月		
2月	植付け	
3月	植付け	
4月	植付け	
5月		
6月		
7月		
8月		
9月		
10月	植付け	収穫
11月	植付け	収穫
12月	植付け	収穫

〈育苗の基本と栽培のポイント〉

栄養価バツグンのかわりに、栽培には手間（支柱立て）と時間（成育期間）がかかる。

芽が出た

1. 収穫時は60センチ以上

乾燥した落ち葉、堆肥、有機石灰、鶏フン油カス少々を混ぜた高い畝（地上部３０センチ、地下部３０センチ、計６０センチが理想的）を準備する。

2. 波板で栽培畝も

もしくは地上部に高さ５０～６０センチの木製（波板）栽培箱を設置する。板を取り外すと収穫できるので、芋が途中で折れることも少なく便利。

山芋のツルが伸び始める

3. 収穫後に土の入替え

山芋には連作障害が少々あり、できれば毎年土を半分以上入れ替えたほうがいいでしょう。

4. 傷のない芋

植え付け芋は、収穫時に**小ぶりで太めの芋を選んでおき**、それを植え付ける。（覆土６センチ）

5. ムカゴから始める

垂れ下ったツルに付いたムカゴを採取しておき、それを植え付ける（覆土３センチ）。ムカゴから栽培を始めると収穫は２～３年後になる。

6. 支柱は高い方がいいが…

ツルは４～５メートルも伸びるため、支柱はできるだけ長いものが必要（支柱が短いとムカゴがたくさんできて芋は小さくなる）

イチョウ芋の掘り出し

葉が黄色く収穫間近

7. 乾燥を防ぐ

夏場は根元に枯草や枯葉などを敷き、乾燥を防いでおく。

8. 収穫の目安

葉が黄色く枯れ始めた頃が収穫時期ですが、試し掘りをしてみるのもいいでしょう。

むかごの収穫

収穫と保存

- 収穫時に種芋には小ぶりのしっかりした形のものを選ぶ。傷ついたものや一部腐っている芋は病気の可能性がある。（ムカゴは丸くて大きなものを選ぶ）
- 掘り出した大きい芋を輪切りにして石灰をまぶして種芋にすることもできる。
- ほかの芋類と違って冬季に強く、新聞紙にくるむ程度でも冬季保存できる。

ヤマノイモ科

ヤマノ芋

(つくね芋)

掘り出しがかんたん、粘りも強い

山芋のなかでも、「黒いダンシャク芋」と呼んでもいい形状の「ヤマノ芋」があります。別名ヤマト芋ですが、ほかの山芋と違うのは、芋が地中深く伸びることがなく、泥ダンゴのような状態で、比較的浅い畝でも栽培できることです。収穫時に傷つくことも少なく折れることもないため、栽培地域も拡がっています。また、摺りおろしたとき粘りは非常に強く、生食が美味しいのはもちろんこと、揚げ物、汁物にもできます。

基本データ

原産地：中国華南西武

難易度

お手軽　育て易い　**やや難**

スケジュール

月	作業
1月	
2月	
3月	植付け
4月	植付け
5月	
6月	
7月	
8月	
9月	
10月	
11月	収穫
12月	収穫

〈 育苗の基本と栽培のポイント 〉

**高価でネバリ抜群の芋ですから、
是非栽培に挑戦してみましょう。**

支柱に巻き付いたツル

1. 有機石灰の施肥

山芋全般にいえることであるが、酸性土壌にやや弱いため、有機基本肥料のなかでも石灰分を多めに施す。

2. 大きくてもソフトボール大

長芋系とちがい**畝の高さは３０センチ**、高めの支柱を立ててから植え付けをする（支柱を立てないとムカゴばかりが出来て、芋は育たない。）

3. 支柱は高い方がいい

支柱が低いと、垂れ下がったツルにムカゴが出来る。２メートル以上の支柱が必要。

4. ムカゴからも始める

ムカゴから山芋栽培を始めると、収穫まで２年以上かかる。（小ぶりの芋を種芋に利用）

山芋の支柱

5. 芽のところでカッターで半分に

大きなつくね芋は頭の芽のところから半分に切り、切り口に石灰をまぶしてから、芽を上に植え付ける。（小さな芋はそのまま植え付ける）

垂れ下がるツルにムカゴ

つくね芋の掘り出し

6. 敷藁や枯れ草

ツルが伸び始めたら、乾燥を防ぐために根元に敷藁や刈り取った草などを掛ける。

7. 茎の太いものに期待

茎が太いものは、大きな芋が育っている証拠。

山芋の葉

病虫害対策（山芋全般）

- 山芋専属の虫が付いているかどうかは、落ちている虫の糞で判断する。
- 虫がつくのは９月であるが、発見次第捕虫するのがいいものの、保護色のため見つけにくい。
- 竹酢、唐辛子エキスの噴霧もある程度効果はあるが、完全防虫は難しい。

サトイモ科

里芋

小芋とイカの煮付けは居酒屋の定番メニュー

里芋のルーツは熱帯地域で主食にもなっているイネの野生種のタロイモです。山地に自生する山芋に対して、人が生活する里で栽培されてきたので里芋と呼ばれます。日本にはイネの栽培より早く縄文時代に渡来したと考えられています。たくさんの子芋、孫芋と繁殖するところから、子孫繁栄の縁起物でもあり、秋の名月に供えられる団子は、昔里芋が供えられた頃の名残です。

基本データ

原産地：マレーシア

難易度

お手軽　育て易い　やや難

スケジュール

1月	
2月	
3月	植付け
4月	
5月	
6月	
7月	
8月	
9月	
10月	収穫
11月	
12月	

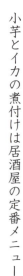

〈 育苗の基本と栽培のポイント 〉

夏場はつねに水分補給。葉のへりが茶色になっているときは水分不足。至急水遣り。

1. 種芋を選ぶ

貯蔵していた傷や腐れのない種芋を選び、有機基本肥料を施した畝に、深さ６～７センチで植えつける。

2. 気温上昇で芽が出る

気温が上がらないと、なかなか芽は出ないので、焦らないこと。

種イモには縞模様が均等な芋

3. 水分補給

夏の高温期の乾燥にはめっぽう弱く、枯草や藁を敷いて**灌水しながら常に湿度を保つ**こと。

4. 子芋の芽に土をかける

根元から**子芋の芽が出てきたら倒して土を被せる。**

5. 孫芋がたくさん成る

子芋の芽に土寄せしながら育てると、子芋、孫芋の収穫量が多い。

6. 追肥

この土寄せ作業のときに油カスなどを追肥し、再度乾燥止めに枯草、藁などを敷く。

切り藁で乾燥を防ぐ

土寄せしながら育てる

夏に茂る葉

7. 1.7 メートル

草丈は１.７メートルほどになり、大きな葉をつける。

8. 水不足の兆候

葉の周りが茶色に枯れ始めたら水分不足の兆候、すぐに灌水の必要あり。

里芋の子芋・孫芋

収穫と保存

- 霜が降りる前に全部収穫したほうがいいが、菜園に種芋を残しておくときは、枯草を掛けて、１０センチ以上土を掛けておくと保存できる。
- 安全な保存法は土ともみ殻を混ぜたものを入れた保存箱（発泡—スチロール箱）に入れておくと大丈夫。
- この保存箱では湿度と温度が保たれているので寒害や乾燥して干からびることもありません。
- 種芋にはキズもの、腐れもの、変形ものを除き、形がふっくらとした芋を選んで春まで保存箱にいれておく。
- 植え付けの数が少ないときは、花鉢に１コずつ入れて土を掛け、初夏に芽が出るまで屋内で保存。（エビ芋参照）

サトイモ科

エビ芋

煮崩れしないエビ芋は京野菜のひとつ

別名「京芋」と呼んでいるエビ芋は里芋の一品種です。エビ芋の名は、もちろん海老の反りかえった姿に煮ているからですが、高級食材として扱われているのは、粘りに富み、締まった肉質、甘味のある風味、煮崩れせず色もほとんど変わらないこと。京都の伝統野菜ではあるものの、生産量のトップは静岡県の天竜川流域。ちなみに海老の形になるのは、子芋の上からなんども土寄せをする手間暇の結果です。

基本データ

原産地：マレーシア

難易度

お手軽　育て易い　やや難

スケジュール

月	作業
1月	
2月	
3月	
4月	植付け
5月	植付け
6月	
7月	
8月	
9月	
10月	収穫
11月	収穫
12月	

〈 育苗の基本と栽培のポイント 〉

土寄せをなんども繰り返すとエビ形になる。

1. 直接肥料に触れないように

２週間以上前に、深い位置に有機基本肥料を施し、**種芋に直接肥料が触れない**ように畝を準備しておく。

2. 植え付け

雨後もしくは灌水をして水が引いたところで種芋を植え付ける。

3. 本葉が出た頃

芽が出て**本葉になってからポットの種芋を畝に植え付ける**。

苗ポットで芽出し

4. すり鉢状の底部に

里芋系は土寄せするため、**すり鉢状の植え付け穴に**、芽の先端をのぞかせて土を掛ける。

5. 枯草などかける

葉茎が大きく伸びるにつれ、枯れ草、切り藁で覆いながら土寄せをする。

すり鉢状の畝に植付け

すり鉢畝のエビ芋

6. くれぐれも水不足に注意

土壌は水分を保ち、**葉の縁が茶色く枯れてきたときは水不足**ですから、常に乾燥しないように注意する。

7. 子芋の茎を取る方法もある

親芋の葉が大きくなった頃、子芋に養分をおくるため、外側の葉茎を掻き取る。

8. エビの形になる

子芋の芽を出さないように土寄せするが、芽が出たときには**無理に押し曲げて土を掛ける。**

成長する葉茎

藁や枯れ草と土を
交互にかけて

収穫と保存

- 初冬の収穫した子芋を、モミガラと土を混ぜた発泡スチロールの箱（菜園マニュアル参照）で保存する方法。
- 掘り出さないで種芋用の株を残し、枯れた葉の上に藁を掛け、その**上から土を掛けて越冬させる方法**もある。
- 収穫時に形がよくキズのない種芋を選び、苗ポットに土を掛けて越冬させる方法もある。

ナス科

ジャガイモ

（馬鈴薯）

耐寒性があり、世界各地で栽培

種芋の植え付けから早いものでは100日ほどの生育期間で収穫できること、種芋の10～15倍の量を収穫できること、痩せた土地や寒冷地でもじゅうぶん育つことで、デンプン質野菜のなかでは世界で最も多く栽培されています。冷涼な気候を好みますが、黒マルチなしで早植えすると、新芽が遅霜で枯死することもあります。よく知られている品種には、男爵（早生）、メークイン、キタアカリ（中生）、アンデスレッド（晩生）などがあります。

基本データ

原産地：南アメリカ

難易度

お手軽　育て易い　やや難

スケジュール

月	植付け	収穫
1月	植付け	
2月	植付け	
3月	植付け	
4月		
5月		収穫
6月		収穫
7月		
8月	秋ジャガ	
9月	植付け	
10月		
11月		秋ジャガ
12月		収穫

〈 育苗の基本と栽培のポイント 〉

**石灰分を入れず、芽カキを忘れなければ
ジャガイモ栽培は成功する。**

芽カキの時期

秋ジャガの種芋は切らない

1. 石灰は禁止

肥料は有機基本肥料でいいが、**斑点病の原因となる石灰分**は控える。

2. 植え付け

ゴルフボール大の種芋ならば、切らずにそのまま植え付ける。(ただし、芽がたくさん出るので、芽かきが大事)

3. 2つ切りで確実に

多くの園芸読本には、種芋は4つ切りと書いてあるが、2つ切りで発芽を確実にするほうがいい。秋ジャガは切らない。

4. メークインの芽

芽の位置が分かりにくい**メークインは、長いほうに沿って縦割り**すれば間違いありません。

5. 秋ジャガは切ると腐りやすい

切り口には石灰、もしくは草木灰をつけて、切り口を下にして7～8センチの深さに植えつける。秋ジャガは切り口から腐りやすい。

6. 太い芽を2本残す

春になると新芽がたくさんでますので、**茎の太いものを1～2本残して芽かきする。**(手で押さえて芽を抜かないと種芋がずれますから、要らない芽はハサミで切ってもさしつかえありません)

7. 花は取る

花が咲くまでに何度か土寄せをし、咲いた花は摘み取る。

花は摘む

8. 土寄せが大事

土寄せをしないと、外気に触れている芋の表面が緑化して味も不味くなる。

9. ソラニンという弱毒

不味いだけでなく、**緑部はソラニンという弱毒性**ですから、幼児や高齢者が下痢をした例がありご注意。

10. 試し掘り

花が咲いてから10日もすれば新ジャガを収穫できますが、1株試し掘りするのが確実。

11. 葉が黄色から収穫

大きな芋を収穫したいときは、葉が黄色くなりはじめ、晴れた日に収穫する。

12. 雨の日は駄目

雨の日に収穫すると、土がなかなか取れません。また、腐りの原因にもなる。

13. 表皮が厚くなる

葉がかれるまで放置すると、表皮が厚く硬くなる。

端を選んで試し掘り

葉が黄色くなりかけた時が収穫

収穫と保存

芋の保存

- 太陽の光の当たらない場所で、ゴザなどを掛けて保存。
- 光が当たると緑化して、弱毒（ソラニン）を含み不味くなる。

秋ジャガの種芋の採取保存

- 初夏に収穫した卵大のものを選び、初秋まで保管しておく。(30℃以下で植え付け)

ナス科

赤ジャガ

（アンデスレッド）

表皮があかく、耐病性がある

ジャガイモは一般的に種芋の植え付けからほぼ１００日で収穫といわれています。気温や品種によって収穫の日程に若干の違いがあり、早生はダンシャク、10日遅れて中生のメークインの収穫、晩生種のアンデスレッドはさらに10日遅れての収穫となります。早春に植え付けたジャガイモの収穫が、ちょうど夏野菜と重なり、菜園の作付けでは、ジャガイモの後に何を植えるかが大事になります。連作障害のことも考慮しながら、綿密な計画が必要です。

基本データ

原産地：南アメリカ

難易度

お手軽　育て易い　やや難

スケジュール

月		
1月		
2月		
3月		
4月	植付け	収穫
5月		
6月		
7月		
8月	秋ジャガ	
9月		
10月	植付け	
11月		秋ジャガ
12月		

〈 育苗の基本と栽培のポイント 〉

**アンデスレッドは病気に強く甘い品種。
収穫まで少々時間はかかるが、貴重なジャガイモ。**

赤い種芋

1. 病気に強い

原種に近く**耐病性があるのが特長**。

2. 種芋はゴルフボール大

収穫したアンデスレッドのなかから**ゴルフボール大のものを種芋**として選び、切らずに植え付ける。

土を破る新芽

3. 自家採取で継続

種芋の多くは、北海道産(秋に収穫)のなかで病気のないものを使うことが多い。アンデスレッドにかぎり初回以降は**自家採取でじゅうぶん可能**。

4. 葉脈も赤い

アンデスレッドは**葉の筋や茎が赤みを帯び、葉の形状や花も違っている**ためダンシャクやメークインと間違えることはありません。

アンデスレッドの収穫

5. 芽カキと土寄せ

手入れはほかのジャガイモと同様に、必ず芽カキをして土寄せをする。

6. 皮は赤く中は黄色

芋の皮は赤いのですが、**中身はやや濃い黄色**で、甘味もじゅうぶん。

元気に葉が茂る

収穫と保存

- 病気もほとんどありませんので、収穫時には必ず次回の種芋を選んで別保管しておきましょう。(ゴルフボール大の芋)
- 種芋は必ず新聞紙などにくるみ、光が当たらない場所で保管する。

ナス科

ショウガ

血流を良くする、貴重な香味野菜

基本データ

原産地：熱帯アジア

難易度

- お手軽
- 育て易い
- やや難

スケジュール

月	スケジュール
1月	
2月	
3月	植付け
4月	植付け
5月	
6月	
7月	
8月	
9月	収穫（新ショウガ）
10月	収穫（新ショウガ）
11月	収穫（新ショウガ）
12月	

生育の段階に応じて収穫

ふだんの料理の薬味はもちろん、甘酢漬け、紫蘇漬など、保存もできる香味野菜です。殺菌作用や消臭効果もあり、日本では古くから栽培されている健康野菜。ミョウガと同じ地下茎で育ち、葉も区別しにくいほどよく似ていますが、いちばんの違いをいえば、ミョウガは花穂を食べ、ショウガは根茎を食べる点です。生育の段階と料理に応じて、筆ショウガ、葉ショウガ、古根ショウガ、と長い期間収穫を楽しむことができます。

〈 育苗の基本と栽培のポイント 〉

冬季に腐りやすく保存がかなり難しい根菜である。
夏に成長する根菜で、気温が上昇するまで芽が出ない。

やっと出た芽

1. 種ショウガの購入

前年に収穫し越冬保存した塊茎を種ショウガにする。保存が難しいので購入もよし。

2. 早めに畝準備

石灰分多めで有機基本肥料を施した畝を準備する。

3. 大きいものを種芋に

丸々としたものを選び、そのまま畝に植え付ける。

4. 切口には消石灰

タマゴ大の寸法で切り、**切り口に消石灰**を付けて深さ５～６センチで植え付けることもできる。

5. 芽をだすのが遅い

４月に植えつけても、**芽を出すのが２ヶ月後**、気温の上がる６月頃である。

夏にかけて茂る葉

6. 乾燥はよくない

高温多湿を好む野菜のため、根元へ敷藁して（乾燥したものであれば藁でなくてもいい）、乾燥しないよう灌水する。

7. いろいろ食べ方を工夫

周年の料理に利用できるので、筆ショウガ、葉ショウガの段階から必要分を収穫していく。

新ショウガの掘り出し

若いショウガ

病虫害対策

- 連作障害があり、毎年栽培の場所を変える。

収穫と保存

- 冬季には乾燥して干からびる。冷蔵庫の野菜ボックスではカビが生えて腐るため、保存対策が必要。
- 土ともみ殻を１：１で混ぜた保温性のある箱で保存する。
- 最終の収穫の中から、丸々としたものを新聞紙でくるみ種ショウガにする。

キク科

ヤーコン

オリゴ糖がたっぷり、シャキシャキ感がたまらない

最近は日本でも注目されている多年生の根菜類です。注目の要因は、塊根に貯蔵されているのがデンプンではなく、大量のフラクトオリゴ糖や、ポリフェノールを含んでいること。また、葉を煎じてヤーコン茶として利用されるなど健康食品として注目されています。食材としては、梨のようなシャキシャキした食感とさわやかな甘さがあるところから、サラダや汁物、味噌漬などに利用されています。

基本データ

原産地：南米アンデス山脈

難易度

お手軽　育て易い　やや難

スケジュール

月	作業
1月	
2月	
3月	植付け
4月	植付け
5月	
6月	
7月	
8月	
9月	
10月	収穫
11月	収穫
12月	

〈 育苗の基本と栽培のポイント 〉

**草大も 1.7 メートル、葉もかなり茂るため
広い場所に植え付ける。**

1. ４月に植え付け

４月早々に、芋の収穫時に保管しておいた**地下茎の腋芽（ピンク色）**を浅め（覆土２センチ程度）に植えつける。

2. 芋はサツマイモに似ている

芋はサツマイモより小ぶりであるが、同じような形状なので、畝幅と高さも同じようなものでいい。

保存しておいた腋芽

3. 肥料は控えめ

施肥は有機基本肥料をいくぶん抑えめにする。

4. 支柱が必要なときもある

草丈はよく**成長すると１．７メートル**ちかくなるので、周囲に栽培する野菜への日照効果を配慮しておきましょう。（茎が伸びて倒れそうな時は、回りを囲むように支柱をたてる）

ジャガイモのような葉がでる

茎がどんどん伸びる

5. 晩秋に収穫

地上部の茎と葉が枯れる晩秋の頃が、収穫のタイミングです。

ヤーコンの植え付け畝

掘り出した時は黒い芋

収穫と保存

- 残す株を決めて土を掛け、芋と芽をそのまま菜園で保存することもできる。
- 種芽を確実に冬季保存するには、保存箱（土とモミガラを混ぜたものを入れた発泡スチロール箱）で越冬させる。

column

有機菜園豆文庫 3

球根の夏眠

球根野菜のなかには、初夏に収穫した球根が、気温の高い真夏のあいだは夏眠をして、秋に芽をだすものが多い。代表的なものは、ニンニク、ワケギ、ラッキョウ。（タマネギは夏眠の期間が長く、分球もしません）晩夏から秋口にかけて、あらかじめ施肥した畝を準備しておき、発芽しはじめる夏眠あけの前後に、保存していた球根の植え付けるのがポイント。

摘芯

葉が茂りツルも伸びすぎる葉茎菜や、たとえ数量が多く実っても、ツルと葉が茂って食味が落ちる果菜には、摘芯（先端を摘み取る）をする必要がある。葉茎菜では、モロヘイヤ、オカノリ、ツルムラサキなど。果菜では、大玉完熟系トマトやナスの脇芽、ウリ科の西瓜や瓢箪カボチャのツルなど。

敷ワラ・敷草

敷ワラや敷草は、じゅうぶん乾燥したものを、苗の根元に薄く掛ける。土の表面の乾燥を止めるだけでなく、土の跳ね返りにより、有害な土壌菌が下葉に付着するのを防ぐ。敷草はもちろん花の咲く前に刈り取ったものでないと、かえって雑草を増やすことになる。花が咲いてしまった草は、深い穴に埋めるか、堆肥として完全発酵させるしかありません。

ツルもの野菜の誘引

広い菜園では、ツルもの野菜は敷ワラをするだけで、地這え栽培ができる。いっぽう都市近郊の市民農園など狭い菜園では、ツルを上に伸ばす支柱栽培が適している。支柱栽培では巻ヅルのある野菜でも、ある程度ツルを支柱に誘引する必要がある。麻ヒモでツルを傷めないように8の字結びで誘引。支柱栽培は支柱立てや水遣りの手間暇はかかりますが、土壌害虫による食害は減少する。

ツルぼけ

野菜のツルや葉ばかりが茂り、せっかくの芋や実の育ちが悪い現象。いちばん「ツルぼけ」を起こしやすいのは薩摩芋。窒素系の肥料過多、長雨などの天候不順による日照不足、菜園の排水状況が悪いことなどが、「ツルぼけ」が起きる原因と考えられている。薩摩芋の「ツルぼけ」対策として、早めに畝からはみだしたツルを畝にツル上げし、畝の脇をスコップで根切りする。

根切り

土壌中に残留した窒素系肥料が多くなると、「ツルぼけ」現象や、枝と葉ばかりが茂り、実留まりが悪くなる現象が起きる。とくにトマトの苗は窒素系肥料を吸収しやすく太い枝になるため、植え付け時には石灰のみ撒き、無肥料のほうが成功率は高い。それでも残留肥料で茂りそうな兆候があれば、畝の両脇の根切りをし、実が成りはじめてから施肥をする。いっぽう、ナスの場合は、秋ナスのための剪定時に、根切りをすると同時に鶏フン、油カスなどを追肥する。

土寄せ作業

土寄せには二つのパターンがある。追肥や中耕するときに、雑草取りを兼ねて、雨で流失した土を畝に戻すのが一般的な作業。もうひとつは、土寄せ作業をしないと、良質の野菜が収穫できない場合がある。例えば、白ネギは収穫までに、数度の土寄せ作業をしないと、長い白部のネギは収穫できません。ジャガイモは土寄せをしないと芋の緑化現象をおこし、里芋は小芋の茎ばかりが伸びて、良質の芋が収穫できませんから土寄せはたいせつ。

第四章

高堂流菜園マニュアル

Saien Manual

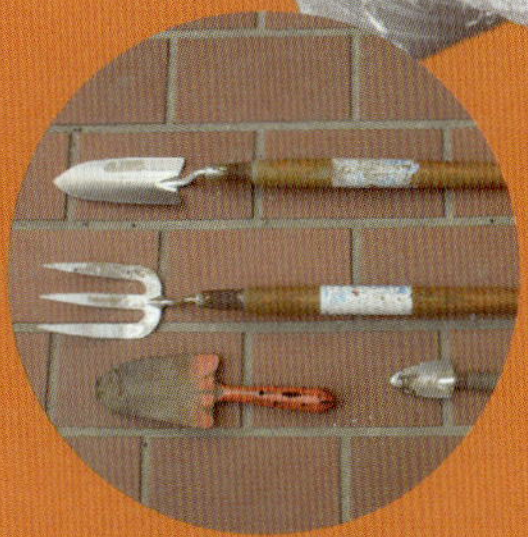

Vegetable garden manual

有機栽培（高堂流）の基本肥料

「無理、無駄のない有機栽培」で、安全で美味しい野菜の栽培を心がけてきた有機栽培（高堂流）の基本肥料を紹介します。完全自給の有機肥料も考えられますが、完全自給を目指すと多くの点でかえって無理がかかってくることがあります。いろいろ試行錯誤の結果、現地点ではここにご紹介する4つの基本肥料に至りました。

（　）書きは、肥料効果に若干の違いはあるものの、同等の効果がある有機肥料ですから高堂流にこだわる必要はありません。

① 自家堆肥３点（樹皮堆肥）

●キッチンコンポストの生ゴミ堆肥（別途説明）

●普及型コンポストの生ゴミ堆肥（別途説明）

●菜園の堆肥箱で作った堆肥（別途説明）

・土壌の水分を保ち、土壌微生物が分解活動をしやすい状態を作る。

・堆肥たっぷりの土壌は柔らかく、野菜の根が伸びやすくなり養分の吸収もいい。

・モミ殻くん炭（アルカリ性）を利用するキッチンコンポストの堆肥は酸度は低くなる。

①〜④の有機基本肥料

❷ 菜種の油カス（植物性油カス）

・菜種の油カスは入手しやすいので利用しています。植物性のものであればかまいません。

・元肥や追肥にすると、後でゆっくりと効いてきます。

❸ 発酵済鶏フン・発酵済牛フン（乾燥鶏フン、乾燥牛フン）

・鶏フンは土壌を傷めない有機肥料です。速効性の点でも化学肥料にほとんど劣りません。特に実もの野菜、根もの野菜に適している。（牛フンは葉もの野菜）

・鶏フンは入手しやすい家畜の有機肥料です。難点をいえば、ほかの家畜肥料に比べて臭いが少々きついこと。

・鶏フンは臭いの少ない牛フンと比較すると、2倍の効力があるというデータもある。牛フンは長い期間効力が持続する。

❹ カキ殻石灰（魚介骨粉）

・農協などでは「セルカ」という商品名で販売されています。動物性の有機石灰ですから生石灰や消石灰のように土壌を硬くしません。

・殺菌、消毒作用は、生石灰（酸化カルシウム）や消石灰（水酸化カルシウム）のような効力はありませんが、土壌中の大事な微生物をほとんど殺すことがないため、土壌の柔らかさを保つ。（殺菌、消毒には唐辛子エキスや竹酢液でも対応可能）

・別途説明していますが、カキ殻石灰にはカルシウムだけでなくいろんな養分が含まれていて、葉ものは柔らかくなり、果菜の甘味が増します。

自家製堆肥・普及型コンポストの使用方法

このコンポストは、従来から利用されているポピュラーなコンポスト。容量も大きく庭の隅や菜園に設置して、家庭の生ゴミも大量の堆肥に変えることができます。（マンションには電動生ゴミ処理機が適している）おもにボカシ菌を使って生ゴミを発酵分解させます。適切に使用すれば、ニオイはある程度あるものの効果的な堆肥ができます。

準備する用具と材料

●コンポスト
（100ℓ=4, 500～6, 800円程、地中5センチに埋め込む、年間2.5トンの生ゴミ処理可能、各市町村には生ゴミ処理器への助成制度があり、農政課へTELしてみる）

●ボカシ菌
（農協、ホームセンターの園芸コーナーで購入）

●唐辛子エキス（自家製・別途製作方法）もしくは竹酢液。ウジ虫など害虫の発生防止と駆除をする

●モミ殻くん炭＝悪臭除去、アルカリ性

●米ぬか少々

コンポストの使用方法

・最初に乾燥した落ち葉、雑草、切り藁を細かくして底に入れる。

・生ゴミをできるだけ小さく裁断して投入し、時々ボカシ菌をふりかける。

・処理できる生ゴミ（野菜の皮、くず、芯・果物の皮、芯・小分けした魚や肉の内臓やアラに米ぬかをまぶしたもの・砕いた卵のカラ、貝殻、骨・残飯、茶ガラ、コーヒー豆カス・乾燥した落ち葉、雑草）

・生ゴミ10センチごとに軽く米ぬかを撒き、20センチごとにボカシ菌を撒く。

・魚、肉などの既に腐敗した生ゴミを入れた後には、10倍程度希釈した唐辛子エキスを噴霧し、モミ殻くん炭を撒いておく。

・最終投入日から夏は1ヶ月半〜2ヶ月、春秋は2ヶ月、冬は3ヶ月で生ゴミが発酵分解して堆肥ができる。（2台設置するのが理想的）

留意する事項

・生ゴミは発酵分解を速めるために、できるだけ細断する。

・水分は腐敗菌の増殖を速めるので、ザルなどを使い、できるだけ水分を切ったものを入れる。

・やむを得ず腐ったものや魚や肉を大量に入れるときは、小分けして米ぬかをまぶして投入する。

庭に設置したコンポスト

・万が一ウジ虫がわき、悪臭がする場合は、消石灰で殺虫し、園芸スコップで混ぜ合わせ、唐辛子エキス（竹酢液も可）を噴霧し、モミ殻くん炭（脱臭作用）を撒く。

・味噌汁、漬物の塩分、廃油などは堆肥には適さないので避ける。

自家製堆肥・キッチンコンポストの作り方

ピートモスとモミ殻くん炭を利用して、家庭の台所生ゴミを発酵・分解し、菜園や花壇の堆肥（有機肥料）を作ることができます。コンポストで堆肥を作る方法は、他にもいろいろありますが、ここでご紹介するキッチンコンポストは、生ゴミの減量化はもとより、なによりも臭いがほとんど無いので大好評です。

準備する材料

- ●フタ留めの付いたコンテナー
  （40×30×高さ30センチ・二人家族）
- ●ピートモス
  （農協・ホームセンターの園芸コーナー）
- ●モミ殻くん炭
  （農協・ホームセンターの園芸コーナー）
  ニオイ取り効果・弱アルカリ性（中和作用）
- ●米ぬか少々（発酵・分解を速める）
- ●生ゴミを混ぜるシャモジと手袋
- ●内ブタの段ボール
  （湿気調節・小バエなどの進入・発生防止・無くても可）

キッチンコンポストの材料の準備

コンポスト堆肥の作り方

①ピートモス3：モミ殻くん炭2の割合で、コンテナーの2／3程度に入れ軽く混ぜる。

②水切りした生ゴミを細かく裁断して中にいれる。

③卵のカラはつぶし、魚のアラ（大骨以外）は出刃で砕き、内蔵は米ぬかをまぶし、分散して入れる。

④最初は微生物の活動はほとんどありませんが、温度が上がってきたら発酵・分解が始まった証拠です。

⑤できるだけ毎日かき混ぜて空気をいれ、微生物の活動しやすい湿度を保つと3ヶ月前後で完熟堆肥が出来上がりです。夏場は発酵・分解も速い（2ヶ月）ですが、温度が10度以下の冬場は微生物の活動が鈍くなり、発酵・分解も遅くなります。

留意する事項

①塩分の多い梅干・漬け物などは、堆肥として適さないので避ける。

②既に腐敗して悪臭のあるものは、このキッチンコンポストには適さないので投入しない。

③繊維質の多いタマネギの外皮・トウモロコシの芯などは、このコンポストでは簡単には発酵分解しません。

④魚の大骨・貝殻など硬いものは、砕いても発酵分解に時間がかかるので避ける。

台所ではキャスター付きの板に載せると便利
大型コンテナーで完熟堆肥を保管

⑤白い綿毛のようなものが表面にでますが、発酵分解が順調にすすんでいる証拠で腐敗ではありません。

⑥堆肥として使用する３週間前に生ゴミ投入を止め（大型コンテナーに移しておくと便利）、時々かき混ぜて、しっとり感を保っておきます。

自家製堆肥・菜園の堆肥箱
◎野菜クズや雑草も たいせつな堆肥

結球野菜の外葉をはじめ、食材にはできない野菜のツル、硬い茎、枯れ葉など、収穫野菜の量に劣らないほどの野菜クズ。加えて、野草本来の生命力で繁茂する雑草。これらは土壌の養分をたっぷりと保存しているのですから、堆肥に加工すれば、生ゴミではなく、たいせつな宝の山。普及型のコンポストでは納まりきらないこれらも、菜園の堆肥箱で堆肥として再生してみましょう。

堆肥箱の制作

・あり合わせの木材や波板を取り揃えて、畳1枚分の外周を囲む板枠を作成。

写真①

刻んで入れると分解は早い

・菜園の広さに余裕があれば、1年もの箱、2年もの箱と設置。

・堆肥を取り出すことを考え、1ヶ所取り外しできるようにする。

・外枠の高さは60〜70センチ程度、底板はいりません。

・重石板は必ずしもいりません。

・野菜ゴミの発酵分解を速めるために、劣化しにくいラバーシート(工事用シート)を上から掛ける。(ブルーシートは劣化が早く、飛散するので駄目)

堆肥作りポイント

写真②

押し切り器は注意して使用

・菜園で出る野菜クズ、抜いた雑草を、すべてこの堆肥箱で処理し、家には持ち帰らないことが肝心。

・植物の繊維質はなかなか分解しないので、料理ハサミ、包丁、カマなどで裁断して投入する。

・サツマイモのツルなど大量に出る野菜クズは、押し切り器(写真 8,000円程度)を使わないと作業がすすみません。

・モミ殻くん炭を調達し、時々撒いて切り返し(混ぜ合わせる)をする。

・無料で手に入る切り藁、家畜のフン、枯れた広葉樹の葉などを投入し、時々切り返しをする。

・切り返しの後、ラバーシートを掛ければ、発酵分解が速く進み、1年程度で完熟堆肥ができる。

留意する事項

・未完熟堆肥には亜硝酸態窒素が残っているといわれているので、完熟するまで1年程度は使用せず、2年目に堆肥として利用する。

・松の葉、イチョウの葉、剪定チップ、オガクズなどは、肥料工場ででないと、うまく堆肥化できない。

・剪定チップ、オガクズはそのまま投入すると、分解するのに10年の年数がかかるばかりか、保水能力が低下して乾燥土壌になるため注意。

有機石灰と酸性土壌の中和

日本の土壌はほとんど酸性土壌です。野菜には酸性を嫌うものがありますので、魚介骨粉など有機石灰を施して土壌の中和をはかる必要があります。単に土壌の中和と殺菌消毒だけを考えるならば、生石灰や消石灰を撒けば済みますが、それでは土壌中の微生物も殺すため、有機栽培ではできるだけ有機石灰や苦土石灰（マグネシュウム10～25パーセント）で中和。ここでは魚介骨粉のなかでもポピュラーなカキ（牡蠣）殻石灰と万能ＰＨ試験紙や酸度測定器を利用した土壌判定をご紹介しましょう。

カキ殻石灰（商品名・セルカ）の特長

- 酸性をゆっくり中和し長期間持続。
- 石灰分（アルカリ性）の他に微量要素（左記の成分表参照）を含んでいるのがポイント。
- 有機石灰（動物性の石灰）なので、生石灰や消石灰のように土壌を固めないため、野菜の根がよく伸びて苗がしっかり生育する。
- 果菜類には甘味が加わり、葉菜類は葉が柔らかくなる。
- 散布後に根が伸びる位置まで深く耕すこと。

苦土石灰とカキ殻石灰

万能PH試験紙による土壌の判定

万能 PH 試験紙

・万能ＰＨ試験紙は、薬局よりも理科教材店のほうが購入しやすい。

・土壌を採取し2.5倍の水道水（水道水はＰＨ7、本来の検査は蒸留水）を入れて混ぜる。

・泥が沈んでから上澄み液に試験紙を浸して判定。（1～11段階）

・試験紙の変わった色で、酸性、アルカリ性の度数を測定できる。

・モミ殻くん炭を利用した堆肥を試験すると、酸度が低いことがよく分かる。

酸度（ＰＨ）測定器による土壌の判定

酸度（PH）測定器

・酸度（3～7度）のみの測定であるが、測定器の目盛りではっきり判定できる。

・湿った土壌には測定器を差し込むと1分後に数値はでる。乾燥した土壌には水を撒き、20～30分後に測定できる。

・便利な機器ではあるが、定価4,000～5,000円なので、家庭菜園には少々高価である。

カキ殻石灰成分内容（商品名・セルカ 20kg）

炭酸カルシュウム	窒素	リン酸	カリ	苦土
86.0%	0.3%	0.3%	0.2%	0.7%

微量要素

マンガン	ホウ素	亜鉛	鉄	銅	モリブデン
300ppm	244ppm	90ppm	343ppm	16ppm	2ppm

唐辛子エキス（自然農薬）の作り方・使用法

農薬を使わない有機栽培は、安全な野菜作りですから近年とくに注目されています。ところが、その美味しい野菜に群がる病害虫はたいへん困りものです。病害虫に対する自然（天然）農薬はいろいろあるのですが、その製法や後始末に手間がかかるものや、ほとんど効果のない防虫剤があるのも現実です。そこで、実験の結果、かなりの効果を確認できた自然農薬をご紹介します。それは安価で誰でも手軽に作れる唐辛子（カプサイシン）エキス。その作り方と使用法をご紹介しますので、是非お試しください。

準備する材料

- ●2リットルのペットボトル
- ●ホワイトリカー＊35度・1.8リットル（アルコール35度以上であればウオッカ、老酒なども可、焼酎は25度が標準で熟成にやや時間がかかる）
- ●唐辛子（鷹の爪）25〜30ケ程度（生唐辛子でもいいですが、乾燥唐辛子のほうが辛味成分のカプサイシンが速く出ますから効率的）
- ●スプレー容器（アルコールに溶けないもの）

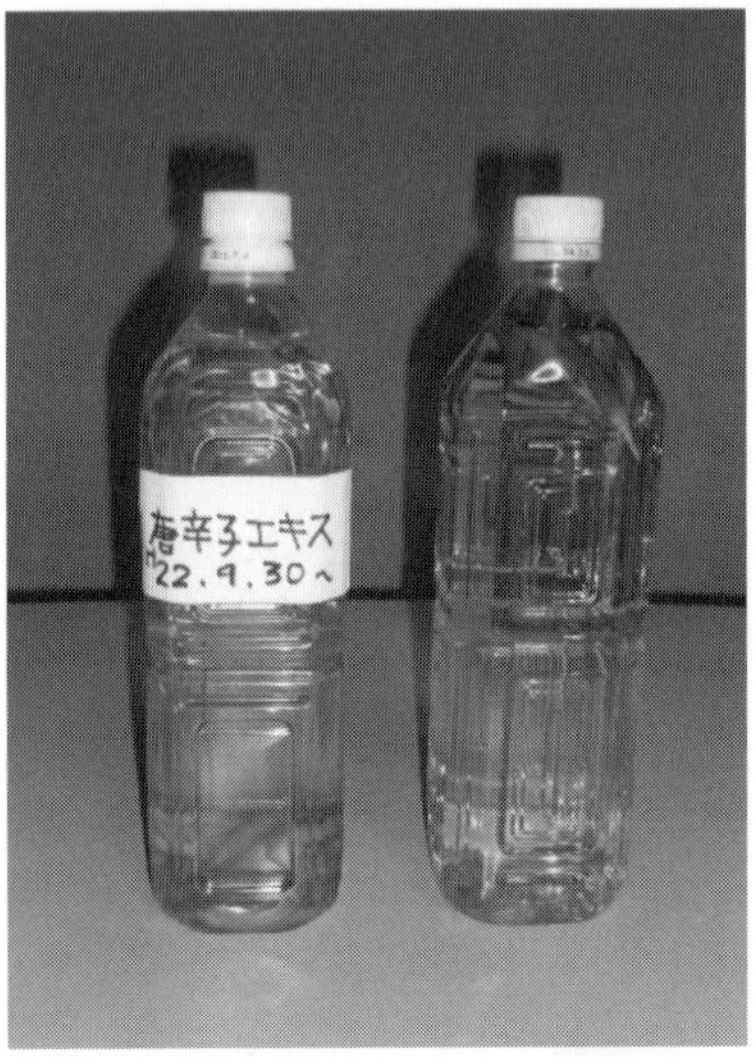

唐辛子エキスの原液（右は熟成中）

唐辛子エキスの作り方

①ホワイトリカーの入ったペットボトルに唐辛子25〜30ヶ入れ日陰で保存する。

②気温によって異なるが、唐辛子のカプサイシンがアルコールに溶けるのは40～50日程度が目安。

③溶液が薄い紅茶色に変わった頃に、唐辛子エキスが完成している。

唐辛子の栽培

使用上の留意点

①唐辛子エキスは防菌・防虫効果がある自然農薬なので、被害が出てからでは効果は半減します。1週間～1ヶ月間隔で散布すると効果的。

②原液をそのまま散布すると、新芽の場合は枯れることも多く、必ず水で薄め基準に沿って散布する。

③新芽のときは、200倍の薄め液で散布し、葉が成長するに従い、次第に濃い液を散布しても大丈夫。目安としては100倍～10倍まで成長に合わせて徐々に濃い液を散布していく。

④ヨトウムシ、ネキリムシなどは、野菜の根元の土に濃い液を散布すると効果があります。ただし、双葉の頃は枯れる場合があるため厳禁。苗が未熟な時期は100倍以上に薄めた液。本葉が大きく成長するに従い5～10倍まで薄め液を散布しても大丈夫でした。

◎唐辛子エキスは人体におおきな危険はありませんが、眼や素肌に付くとヒリヒリしますのでご注意ください。

効果（5倍希釈を噴霧）のある害虫

・シンクイ虫、ネキリ虫、ヨトウムシ、コガネ虫、ナメクジ、ムカデ、アリ、ハダニ、コナガ、アオ虫、アブラ虫など。

水で稀釈して噴霧

竹酢液（自然農薬）の効果的な使用法

昔から炭焼き小屋の付近には虫はいない、といわれてきました。その炭焼きの煙を冷やした滴を蒸留精製したものが、木酢液や竹酢液。野菜の有機栽培では、防虫・除菌効果を求めて、ほかにもいろんな自然農薬が使われています。体験的にいえば、市販されているものでは竹酢液が臭いも軽くかなり効果的。私自身は安価で簡単にできる自家栽培の唐辛子エキスをお奨めしていますが、竹酢液も唐辛子エキスと同等以上の効果がじゅうぶん期待できます。

竹酢液の特長

- 竹に含まれるミネラルや栄養素が有機酸に変わった強酸液。
- 軽く焦げたような匂いがあるものの、木酢液のように臭くない。
- 細菌やカビに対する消毒、殺菌、消臭効果は木酢液の30倍といわれている。
- 生ゴミを堆肥化するとき、悪臭（腐敗菌）を消し、微生物の活動を促進する。

市販の竹酢液と噴霧器

・菜園での噴霧作業中に、皮膚にかかっても健康上の害はありません。

・菜園では蚊など刺されることもよくあり、そんなとき患部にかけるとかゆみを抑え、腫れることもほとんどない。

竹酢液の使用方法（防虫、消毒、防菌効果）

・pH3の強酸ですから、野菜には原液を噴霧すると枯れますので、必ず水で稀釈して噴霧する。

・新芽のときには、200〜300倍稀釈。

・本葉になり苗がしっかりしてきてから、防虫・防菌効果として50〜100倍稀釈。

・既に虫がいる場合や病気が疑われる場合は、まずできるだけ捕虫し、傷んだ葉を取り除いてから、病害虫の被害度合に応じて、葉の裏を中心に10〜20倍稀釈で噴霧する。

留意する事項

・自然農薬のすべてについて当てはまりますが、原液を直接噴霧・散布するのは厳禁。

・スプレーや噴霧器を使用する場合、必ず風上から噴霧し、眼に掛からないようにする。

・市販の竹酢液は、1リットル・500〜800円程度ですから、多量に使用するには、半額以下で自家製造できる唐辛子エキスとの併用がいいのではないでしょうか。

米ぬかトラップとビールトラップの作り方

無農薬栽培で難儀するのは、夜行性の害虫対策。昼間活動の虫は手で捕虫することや、早めに防虫ネットを掛けることで、かなりの程度まで防ぐことができますが、難しいのは、夜間に新芽や根元の茎を食べたり、一晩で葉をほとんど食べる夜行性の害虫対策。ここでご紹介するのは、農薬を使わないでヨトウムシとネキリムシ、ナメクジなど夜行性の虫を捕虫する、効果的なトラップ（罠）ですので仕掛けてみてください。

準備する用具と材料

●500ミリのペットボトル

●カッター

●米ぬか少々＝ヨトウムシ、ネキリムシ、ムカデ用

●発泡酒（350ミリ、100円程度）＝ナメクジ、マルムシ用
ビールの残りでも可

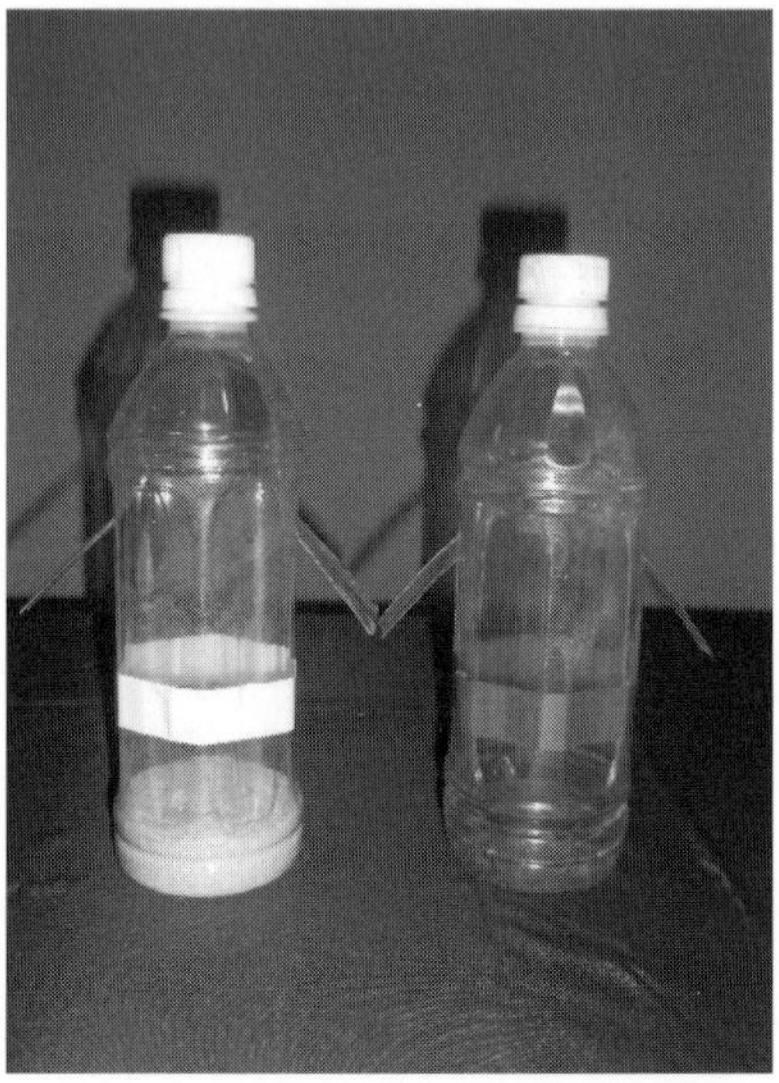

米ぬかトラップとビールトラップ

トラップの作り方と使用法

・カッターで切りこみを入れ、写真のように羽根（雨の流入を防ぐ）を外に出して、虫の侵入口を作る（ペットボトルは硬いので､作業中に指を切らないよう注意）。

・２センチ程度まで、それぞれ米ぬか（ヨトウムシ用）、ビール・発泡酒（ナメクジ用）を入れる。

・写真のテープの位置まで土に埋める。

・ヨトウムシ、ネキリムシ、ナメクジは夜行性なので、夕方にトラップを仕掛ける。

・ナメクジは写真のようにビールのなかで死んでいますが､ヨトウムシは生きていますので取り出しつぶすしかありません。

トラップの埋め込み

溺れ死んだナメクジ

使用上の留意点

・このトラップでナメクジを捕虫したら早めに土に埋めないと、かなりきつい悪臭を放つので注意。

・白菜やキャベツなどは結球しはじめるとナメクジやヨトウムシは中に入り込み捕虫が難しくなりますので、その前にトラップで捕獲しましょう。

・ヨトウムシやネキリムシは夜に活動し、朝になると根元の土のなかにもぐっていますので、根元を軽く起こして捕虫することもできます。

・ヨトウムシは食欲旺盛で、一晩で葉を全部食べることもあります。小さな幼虫のうちに、唐辛子エキスや竹酢液と２本立てで退治しましょう。

無農薬栽培と防虫ネット

　無農薬栽培に絶対必要な資材は、病虫害対策としての天然素材の防虫液（高堂流では唐辛子エキスと竹酢液）と防虫ネット。蝶や蛾をはじめとする多くの昆虫のなかには、卵を産み付け、孵化した幼虫が葉を食べるだけでなく、病原菌も運んでくるものもあります。天然素材の防虫液と防虫ネットの併用によって、85～90パーセントちかく害虫の被害を防ぐことができます。防虫ネットを掛けると、たしかに下葉の掻き取りや防虫液の噴霧に多少の手間暇がかかりますが、美味しくて安全な野菜栽培には必要ですから是非やってみましょう。

メッシュの防虫ネットと支柱や留め金の規格

- ●アルミ格子の入った網目が１ミリ程度のネット
- ●家庭菜園用としては、幅 150 ～ 180 センチ × 長さ 5 ～ 10 メートル（基本的用具や資材のなかでは比較的高価で、定価1，000 ～2，800 円程度）
- ●カマボコ型のネットを張るため、支柱は表面をビニールコーテングした、よく曲がるもの（ネットの幅より長い寸法）
- ●ネットの脇から虫が入らないように赤色の留め金

種蒔き後に掛ける防虫ケース

防虫ネットの掛け方

・種蒔き後、もしくは苗を植え付けた後、畝の両端に50センチ程度の木の杭をしっかり打ち込む。

・弓型に150センチ間隔で支柱を差し込む。

・支柱に沿って防虫ネットを掛け、ネットがピーンと張るように両端の杭に巻き付けるように留める。

・ネットの脇に隙間がないように左右所々に留め金を差す。

蝶がいなくなるまで掛ける

防虫以外のネットの効用

・防虫ネットは防虫効果だけでなく、ビニールトンネルと違って内部の湿度が上がり過ぎてムレルことがありません。

・強風によって苗が揺すられる度合いが緩和され、苗の傷みが少なくなる（強風対策）。

・季節によっては、野鳥の大群に葉もの野菜を根こそぎ食べられることもありますが、このネットを掛ければそんな野鳥被害がありません（野鳥対策）。

ネットの上から散水や防虫液の噴霧

灌水と防虫液の噴霧

・野菜への水遣りは防虫ネットの上からでも充分できる。

・時々ネットをはずして、苗の状態や害虫の被害の有無をまじかで確認し、唐辛子エキスなどの防虫液を噴霧する必要があります。ただし、通常の防虫液の噴霧はネット外からできる。

直蒔き栽培の基本型（筋蒔き、点蒔き、バラ蒔き）

菜園の畝に種を直蒔きすると、発芽から育苗までしっかり根を張って、元気な野菜が育ちます。ほとんどの野菜は直蒔き栽培が可能であり、間引きしながら苗を育てる最も経済的な方法。ただし、直蒔きは移植の手間をはぶけますが、本葉が育つまでの潅水はもちろん、害虫対策の防虫ネット掛けや、間引きと土寄せも丁寧にしないといけません。

❶ 直蒔きする畝の準備

・野菜の性質に合わせて、根の伸びるところに肥料を施す。
・畝の高さ３０センチ以上（５センチ以上下がる）
・特にニンジンなど根菜類の畝はより高くする。
・溝に水が溜まらないよう排水状態を良くしておく。
・爪レーキ（熊手）や板で畝の表面を平らに整地する。

種蒔き小道具

❷ 筋蒔きの方法

・種を蒔くところに丸い棒や支柱を置き、上から圧力を掛けて筋をつける。
・ほうれん草や金時人参など発芽の難しい種は、前日からぬるま湯に浸けておく。
・種の小さい野菜は、筋に圧をしっかりかけると蒔き具合がよく分かる。
・種を筋に蒔いた後、砂通しや台所の古いザルを通して土を掛ける。
・腐葉土を表面に薄く掛けておくと、発芽の確認と、乾燥を防ぐこともできる。

筋蒔き

発芽（遮光）ネット

・最後に種の流失防止にもなる発芽（遮光）ネットを掛け、ジョウロで散水する。
・収穫時の苗幅を考え、間引きしながら育てる。
・無農薬栽培で育てた間引き菜は、おひたしなどにすると美味しい。

③ 点蒔きの方法

・種を蒔く位置にカップ酒の底などで土を押して型をつける。
・収穫時の野菜の大きさを想定して型をつけること。
・大根、白菜は広めに、キャベツ、豆、トウモロコシは少し狭めにする。
・種は２～４コ蒔きし、発芽後順次間引きし、豆以外は最終１本立ちにする。
・覆土後の手順やポイントは筋蒔きと同じ要領。

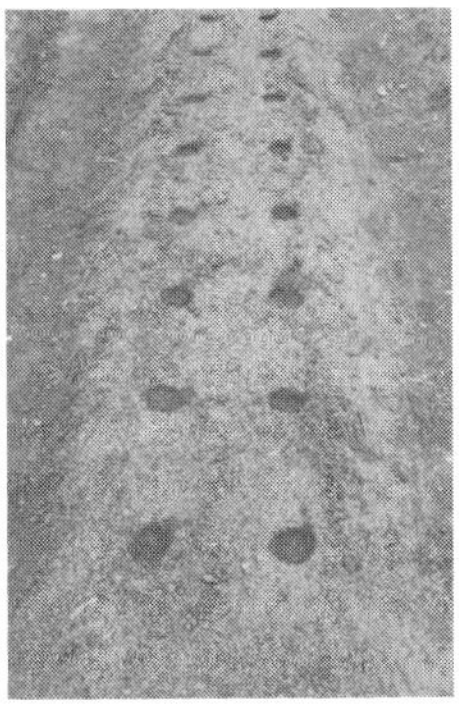
コップの底で点蒔き印し

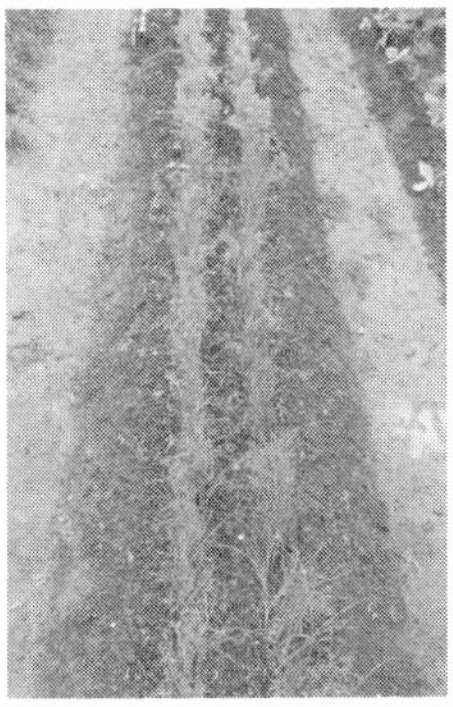
本葉（点蒔き）

④ バラ蒔きの方法

新芽（筋蒔き）

・種がとくに小さく、ある程度成長してから移植するものはバラ蒔き。
・種を蒔く表面の土を板で平らにする。
・種を蒔き、目の細かい砂通しやザルで３ミリ程度覆土する。
・種が表面に出ない程度に軽くジョウロで水を撒く
・発芽するまで濡れ新聞紙を掛け、写真のようにメッシュ張りの育苗箱（防虫対策）をかける。
・発芽確認後に新聞紙を取り除き、移植時までそのままで育てる。
・メッシュ張りの育苗箱のないときは、防虫ネットでトンネルカバーをする。

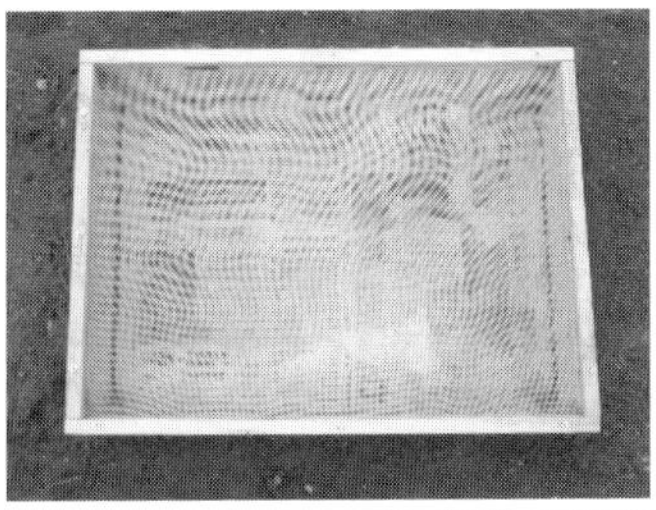
バラ蒔き育苗ケース

⑤ 直蒔き栽培の留意点

・種蒔き後の強い雨で種が流されるので、黒の発芽ネットを掛け、新芽がでたら外すこと（ネットの上まで新芽が出ると、外すときに抜くおそれがある）
・発芽率を高めるには、風呂の残り湯に前日から浸けておく。
・万が一直蒔きで歯抜けができたところは、密集した部分を古い包丁でカステラを切る要領でそっくり移植（根の周りの土を落とすと、移植に失敗すること多い）
・発芽ネットでなくても防虫対策の防虫ネットや寒冷紗を掛けるのもいいでしょう。

紫蘇の小さな芽（バラ蒔き）

簡易育苗箱で発芽・育苗に挑戦

プロの農家では、ビニールハウスのなかで農業用電熱線を使い発芽温度を保ちますが、家の庭や玄関でもできる家庭菜園向きの簡易育苗箱で発芽・育苗に挑戦してみましょう。園芸店で苗を購入するとかなりの値段になりますから、発芽・育苗の方法を工夫して種から野菜を育てると、とても楽しく経済的です。

夜間は積み上げる

準備する用具と材料

- プラスチックの育苗ケースとポリ鉢。(色分けすると便利)
- 種の名前を書いた名札。
- 腐葉土とヒートモスと菜園の土を1：1：2で混ぜた土、牛フンと石灰少々。
- 木製の育苗箱。(簡単ですから日曜大工で製作)

育苗箱の種蒔き準備

育苗箱の作り方

- プラスチックの育苗ケースの外周に指が入る大きさに、3台の同寸法の木製のケースを制作。
- 下段の底と上段の上面には、害虫の侵入を防ぐ網を張る。(網戸用の網が最適)

・下段の箱には水が抜けるように底には格子状に板を張る。

・中段の箱は苗が大きくなった時に入れる外側だけの箱。

・上段の箱は、春先など気温が低いときに、透明のビニールのゴミ袋を張り押しピンで留める。

・中段、上段の箱には、重ねたときずれないように４隅にストッパーの立棒を接着剤で留めておく。

種蒔きと発芽、育苗作業

・前日からぬるま湯に浸しておいた種１～2個を、種の大きさの３～４倍の深さに蒔く。

・土を乾燥させないように灌水し、常にしっとり感のある状態を保つ。

・昼間は太陽熱で温度を上げ、夜間は気温が下がるため屋内に入れる。（3～４月）

ポリ鉢に双葉、本葉が出る

・本葉が出かけた元気な苗を１本残して、あとはハサミで切り取る。

・新芽の頃は300～400倍に稀釈した唐辛子エキス（竹酢液も同様）を噴霧し害虫を防ぐ。

・本葉がしっかりと育った苗を菜園に移植する。

・この簡易育苗箱が適した夏野菜。
（キュウリ、苦瓜、金糸瓜、マクワ瓜、カボチャ、冬瓜、オクラなど）

・トマト、ナス、西瓜、ピーマン系は、苗（できれば接ぎ苗）を購入したほうが失敗も少ない。

留意する事項

・ナメクジ、ヨトウムシ、ネキリムシの活動は夜間。夕方には屋内に育苗箱を移動するほうが無難です。

・育苗箱の寸法をピッタリ揃えて製作すると、何段にも重ねることができて場所もとりません。

・害虫のつきやすい秋・冬野菜の種蒔き（８月末～９月）は、この網張りの育苗箱でかなり害虫を防ぐことができる。

メッシュ張りの育苗箱の利用

菜園で種蒔き・育苗をする場合、せっかく発芽して新葉が出ても、防虫ネットを掛けていないと害虫に食べられてしまうことが多いものです。そこで簡単に製作できる防虫対策専用の「メッシュ張りの育苗箱」をご紹介しましょう。この育苗箱は種のちいさいバラ蒔きの野菜や、ネキリムシやアオムシの害虫の被害の多い秋・冬野菜で、移植可能な野菜にはかなりの効果を発揮します。唐辛子エキス（竹酢液）の噴霧と併用すると格段の効果を発揮することまちがいありません。

育苗箱（タテ 40× ヨコ 50 センチ程度）製作に準備する材料（ホームセンターで購入・費用 400 円程度）

- ●厚さ 1.8 センチ × 幅 9.0 センチ × 長さ 180.0 センチの枠板
- ●1 センチ角 ×180.0 センチの網を留める板
- ●メッシュの防虫ネット・40.0×50.0 センチ以上（網戸用の網でも可）

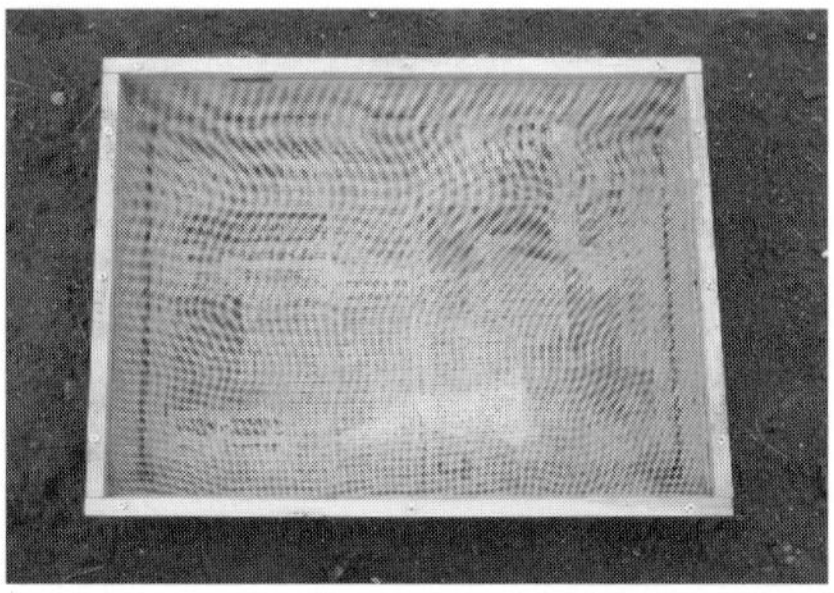

特に晴れた日は濡れ新聞紙を掛けて

・野菜の種類によって成長スピードが異なるため、育苗箱が 2 台あると便利

育苗箱の作り方

・電動ドリルがあれば、ネジ釘留めで簡単に製作できます。

・メッシュのネット(網戸用の網)は、四隅をテープでピーンと張ってから、 留め板をネジ釘で取り付けてください。

種蒔き方法

・種蒔きは板で土（有機基本肥料少々を施肥）の表面を平らにしてから、バラ蒔き、もしくは筋蒔きにする

・覆土の厚みは、一般的には種の大きさの３倍が目安になります。

・覆土してからジョロで軽く水を撒き、新聞紙を掛け育苗箱を載せたうえで、たっぷり水を掛ける（このような手間をかけるのは、発芽率を高め、種の流失を防ぐため)。

・発芽が確認できるまで新聞紙を掛けたまま水遣りをしましょう。

育苗方法

・発芽を確認後に新聞紙を取り除き、メッシュのネットの上からジョウロで灌水する。時々稀釈した防虫エキス（唐辛子エキス・竹酢液）の噴霧をする。

・キャベツ系野菜（キャベツ、ブロッコリー、カリフラワー、芽キャベツ）は早く発芽し、草丈の成長も速いため、別の育苗箱で育てるほうがいい（もしくは早めの移植をする)。

・比較的に発芽、成長がゆっくりしていて、草丈が低い秋蒔き野菜は、パセリ、レタス系、菜花など。

支柱立てと誘引の方法

露地もの野菜のなかでも夏野菜やツルもの野菜には、苗やツルを傷めないために支柱や誘引ヒモが必要。強風や実の重さで、ツルや茎が折れることもあります。支柱や麻ヒモ、園芸ネットを使い被害を最小限にすることが大事。基本的な支柱の立て方をご紹介いたしますので、参考にしてください。また、ツルもの野菜には巻きヅルがあり多くは支柱にからみますが、外れるツルもありますから、麻ヒモでゆるめの8の字結びで誘引しましょう。

支柱の両端には木の杭を打ち込む

- どんな支柱でも、両端にしっかりと木の杭を打ち込み、園芸用支柱に結び付けると、支柱がグラグラしません。
- 菜園でのヒモの使用は麻ヒモやシュロヒモがいいのですが、やむを得ずビニール系のヒモを使うときは、劣化しにくいヒモを使いましょう（劣化したビニールヒモは、粉状になって飛散し、野菜のあいだに入る危険があります）。
- 収穫が終わり次第、すみやかにヒモ類を撤去することもお忘れなく。

両端に打ち込む杭

1本立ち支柱

・トマト、ナスなど夏の果菜類には、1本立ちの支柱が欠かせません。

・ビニールトンネルをしない場合は、支柱を立ててから種まきや植え付けをすることもできます。枝が茂ってきたときは補強の支柱をするのもいいでしょう。

・最初の支柱立てのときに、斜めにスジ交いの支柱を入れるとしっかりした支柱ができます。

1本立ち支柱

合掌組支柱

・ツルもの野菜には合掌組の支柱が適しています。

・合掌組にすると、相当強い風でも倒れることはありません。

・この支柱に園芸用ネットを掛ければ、巻きヅルが絡まり、ツルの誘引をほとんどしなくて済みます。

・写真は山芋の支柱例ですが、キュウリ、エンドウ、インゲン豆、ツルムラサキなどには合掌組がいいでしょう。

合掌組支柱

櫓（やぐら）組支柱

・櫓組は1本立ちとスジ交いの組み合わせで、実が重くなるものや地這えにすると虫の食害にあうものには最適。

・4隅に杭が打ってあり、スジ交いが入っているので頑丈な支柱。

・たとえば、カボチャ、ひょうたん南瓜、冬瓜、金糸瓜、ゴーヤ、ササゲ、山芋などには適しています。

櫓組支柱

種・球根の採取と保存方法

家庭菜園でも野菜の種や球根を採取し、種蒔きまで保存することができます。ただし、種を採取するには、実が完熟・乾燥するまで待つ必要もあり、無理をすることもありません。また、市販の種の多くは殺菌消毒していますが、ご紹介するのは完全な無農薬栽培の例ですから、虫やカビの害を受けることもあります。ここでは比較的失敗の少ない例をご紹介。

（採取した種をじゅうぶん乾燥させ、日付と野菜の名前を書いて翌年まで保存する。害虫、湿度、カビ対策が不安な場合は、乾燥剤を入れたビンや缶で保存）

❶ ワケギ（球根）

初夏の晴れた日に、葉が黄変し太った球根を掘り起こし、２～３日天日干しした後、風通しのいい場所で、ネットに入れて夏眠あけの９月の植え付けまで保存します。

❷ ニンニク（球根）

５～６月に葉が２／３ほど枯れた頃が完熟。晴れた日に掘り起こし、２～３日天日干しした後、大きく球根の硬いものを選んで風通しのいい場所に束ねて吊しておきます。ただし、秋の植え付けまでに虫が付くこともありますので、市販の球根を購入することも想定しておいたほうがいいでしょう。

❸ 青ネギ

春にネギボウズができた株を残し、黒い種が地面にこぼれ始めた頃に切り取る。新聞を敷いたザルなどで２～３日天日で干し、手でもみほぐして黒い種を採取。完全乾燥していないと、カビが着くことや、腐るときがあるので注意。

④ オクラ

収穫を忘れて大きくなった実を、秋口のサヤが乾燥するまで枝に付けておき、乾燥しきったサヤをネットに入れて保管、もしくはサヤから種を出して乾燥剤を入れたビンで保管する。

⑤ カボチャ

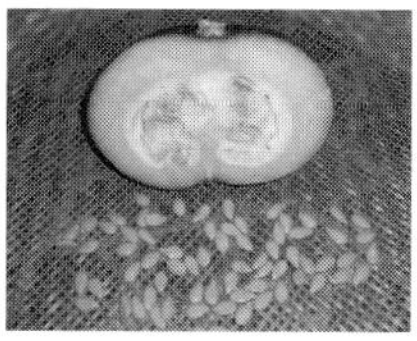

完熟カボチャで美味しいものの種は、生ゴミにしないで必ず取っておくこと。洗ってヌメリを取りのぞき、平ザルで天日干しをして保存。病虫害の被害はほとんどなく翌年に種蒔きできる。

⑥ モロヘイヤ

とりわけ美味しい野菜ではないが、野菜のなかで栄養価がダントツなので、夏バテ防止に少しは欲しいもの。花の咲いた１～２株だけ残し、実が乾燥するまで菜園におき、サヤのまま保存。種には毒があるのでご注意。

⑦ 冬瓜

不思議なことに、とくに種を採取せず菜園に種の混じった中身を捨てておいても翌年には芽を出す強い果菜。一般的には、完熟の実から採取した種を洗い、乾燥させて保存。春にはぬるま湯に浸してから種を蒔く。

⑧ ゴーヤ（苦瓜）

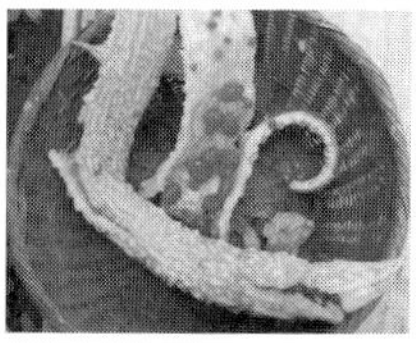

実が黄色く完熟するまでツルに付けておき、実が崩れる寸前で、赤い種を水の中で洗って取り出す。種の周りの赤い部分は食べると甘い。取り出した種を乾燥させ翌年まで保存。春に２４時間ぬるま湯に浸して種を蒔く。

⑨ ニラ

ニラは株の移植でも栽培できるが、４年ほどで種蒔きすると良質の葉を収穫できる。毎年秋に白い花が咲き、晩秋に黒いネギの種によく似た種ができる。種を収穫しない場合は、花が咲いた段階で根元から刈り取り、新芽を待つ。

⑩ 紫蘇《シソ》

種を採取したい場合は、畝の端の株を、開花後穂ジソの段階まで残し、茶色く枯れた頃に採取する。種が非常にちいさいため、新聞紙の上で枯れた枝を手でもみながら落とす。近くの紫蘇と自然交配しているときもある。

芋（種芋）の冬季保存方法（発泡スチロール箱保存）

晩秋から初冬にかけては、いろんな芋が収穫出来ます。収穫した芋は、冬の保存食材である同時に、春に植え付ける種芋にもなります。冷蔵庫の野菜ボックスでは腐ってしまい、また床下に貯蔵しても乾燥しすぎて種芋としては使えなくなることが多いもの。昔は山里の斜面に穴を掘り保存したものですが、ご紹介するのは、モミガラを混ぜた土を発泡スチロール箱に入れ、その中で保存する方法。地域の冬季気温によって多少異なりますが、かなりの確率で冬季保存できますので、試してみてください。

準備する材料

・ふた付きの発泡スチロール箱。（運びやすい大きさのもの。食材として保存するときは、芋の種類によって別々に保存する。）
・しっとり感のある菜園の土。（雨後の土は水分過多になり、腐る場合があります。）
・モミガラ。

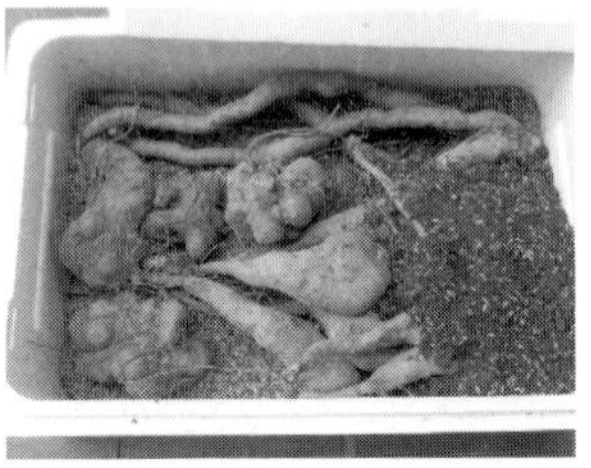

山芋のスチロール箱保存例

保存する種芋（葉が黄色くなる頃収穫した芋）

・山芋（自然薯は細長い箱でないと納まらない。山芋は発芽が遅いため横に並べてもかまいません。）
・里芋（タマゴ型で横スジが並行なものを選ぶ。）
・ウコン（葉や茎が枯れかけた頃。）
・ショウガ（低温に弱いので注意。）
・ヤーコン（芋からは発芽しないのでピンクの芽芋を保存。）

ヤマト芋（山芋）

●サツマイモはこの方法では、ほとんど腐りますからご注意。

里芋

ウコン

生姜

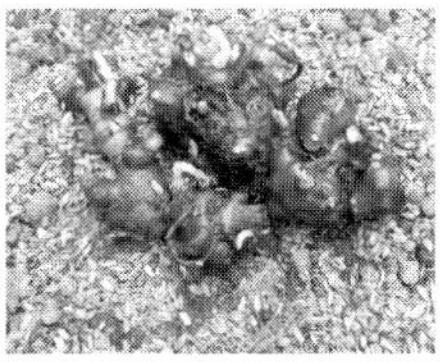
ヤーコン

保存方法と保存場所

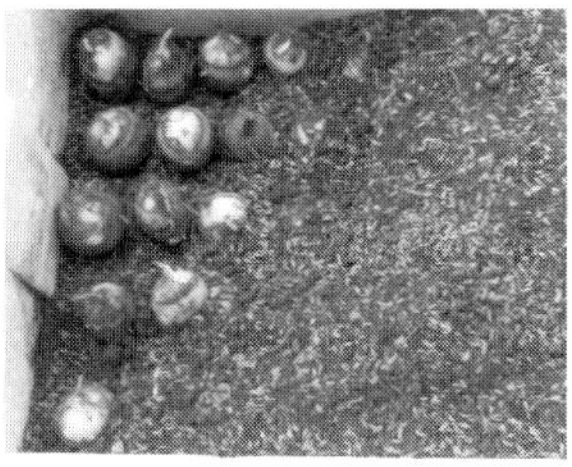
里芋の保存
（種芋の芽を上にして保存）

・しっとり感のある菜園の土６：モミガラ４の割合（容積）で混ぜあわせる。

・混ぜあわせた土を、まず２～３センチほど発砲スチロール箱の底に敷き、種芋を並べた上からもういちど土を掛け、新聞紙を載せ、小さな穴を空けた発泡スチロールのフタをする。

・貯蔵のためだけならば、紙でくるんで入れると、取り出すときに芋の種類が分かりやすく便利です。

・里芋の種芋やヤーコンの芽は、芽のでる頭を上向きにしておくと、春の植え付けがスムースにできます。

・芋の取り出しに迷わないように、発泡スチロール箱の外には保存した芋の名前を記入。

・倉庫など雨のかからない屋内で保管すると、冬季に氷ることもなく保存が可能。

保存期間

・12～３月中旬。

注意する事項

・芋は土の付いたまま保存する。水で洗ったりすると腐ることがありますので、掘り出したままの状態で保存する。

・表面の皮などにキズのある芋は腐りやすいため、長期保存には不向きですから、早めに食べるほうがいいでしょう。

・この方法は、収穫時の菜園の湿度や温度にできるだけ近い状態で保存する方法です。

家庭菜園とミニ耕耘機

ちいさな家庭菜園ならば、土を耕し、畝を準備するには、スコップと鍬（くわ）さえあれば充分かもしれません。しかし、菜園が30坪以上になると、若い頃には身体にこたえなくとも、定年前後からは少しきつくなってきます。もちろんゆっくり作業をすればできないことはありませんが、いくつかの作業の利点もありますので、ミニ耕耘機（写真）についてご紹介しましょう。

ミニ耕耘機の種類や規格と定価

- 家庭菜園ブームでミニ耕耘機も高齢者でも持ち運びできる重さものが販売されている。
- 種類はガソリンエンジン、電動（バッテリー）、ガスエンジン（ガスボンベ）
- 電動耕耘機、ガス耕耘機は重量も軽く、音もちいさいので住宅地のなかの菜園には便利ですが、馬力の点でガソリンエンジンに劣る。

重さ 18 kg・ガソリンエンジン

・ちなみに写真のガソリンエンジンのミニ耕耘機は、ガソリン満タンで重量18kg、半分に折りたたみ可能、定価８万円未満。（畝作りの羽根は別売り。）

・電動耕耘機やガス耕耘機（使用時間により途中でバッテリーやボンベ交換の必要）は重量10～13kg程度で、定価７万未満のものが販売されている。

耕耘機を利用した土起こしと畝作り

・春夏秋冬、菜園には何かの野菜が育っていますが、早春と初秋には短期間畝が空いているものです。わずかな期間ですが、野草を繁殖させないためにも耕耘機であら起こしをして、太陽の光を当て天日干しをしておきます。（スコップであら起こしをするほうが風も通り効果的なのですが。）

・実際に畝の準備をするには、２週間から１ヶ月前に耕耘機をかけ、肥料を施して畝を準備するほうが理想的。（未完熟の堆肥などが混ざっている場合もあり、種蒔きや植え付けの直前に施肥をするのは好ましくありません。）

・耕耘作業は、まずカキガラ石灰を撒き、古い畝の土を左右に飛ばしながら、ひととおり耕耘します。次ぎに、堆肥、家畜フン、油カスを畝の中心に撒き、改めて中心にそって耕耘機をかけます。（肥料が畝の高さの半分以下の場所に混ざるように深掘り。）

・最後にロープを張り、栽培する野菜に必要な高さに応じて鍬で畝を整える。種蒔き、植え付けの時期が２週間以上後の場合は黒マルチを掛けて野草の発芽を防ぐ。

耕耘機の共同利用と管理

・市民農園や短期契約の菜園ならば、とくに耕耘機を購入する必要はないでしょうが、自分の土地やある程度長い期間栽培できる菜園ならば、耕耘機はとても役に立ってくれます。

・共同で購入する場合は、菜園をやめる場合の契約も交わし、トラブルのないようにしておきましょう。共同所有であろうと個人所有であろうと、使い終わったら泥を落とし、鍵のかかる状態で保管する。（ミニ耕耘機は軽いだけによく盗難にあうことが多い。）

あとがき

本書は、カルチャー・スクールの家庭菜園講座のレジュメをもとに書き上げました。この「有機野菜の育て方１００選」の栽培レシピは、有機野菜にこだわりながら、私が直接手を触れて栽培した野菜だけを取り上げています。ただひとつ、広い栽培空間を必要とする「ハヤト瓜」だけは、菜園家の山田利幸氏に委託栽培をお願い致しました。

振り返れば、長年の野菜作りが機縁で、多くの方々との素晴らしい野菜交流をすることができました。そこで頂いた野菜作りのヒントと人との出逢いこそ、「私の菜園ライフ」にとって、なによりの収穫になったと思います。

とりわけ、栽培した野菜をこころよく調理してくださった、板前さんや調理師さんをはじめ、美味しい料理に変身させていただいた多くの方々には感謝を申し上げます。そのことを、いちばん喜んでいるのは野菜自身なのかもしれません。

日本の各地には、この「有機野菜の育て方１００選」の数十倍を超えるいろんな地場野菜が、栽培されているはずです。それぞれの地域の気候風土に応じた野菜作りに、本書がいささかでもヒントになれば有り難く思います。

平成28年8月吉日　著者　高堂敏治

野菜索引（五十音順）

…果菜　…葉茎菜　…根菜

野菜索引（五十音順）

…果菜　…葉茎菜　…根菜

その他の用語（五十音順）

その他の用語（五十音順）

著者略歴

高堂敏治（たかどう としはる）

菜園研究家。NPO法人「伊丹市土に親しむ会」（市民農園）理事長。1946年北陸・富山県生まれ。1970年神戸大学文学部哲学科卒業。1979年より兵庫県伊丹市で菜園を始める。

「無理、無駄のない有機野菜」をテーマに、2004年には「毎日農業記録賞」を受賞（毎日新聞社）。菜園ライフをめぐる著者には、エッセイ集『農園目録1998年』（白地社）『シンプルライフ』（白地社）『酒食つれづれ』（寺田操との共著・白地社）『定年菜園のすすめ』（つちや書店）『方法としての菜園』（白地社）がある。

現在いくつかのカルチャースクールで家庭菜園講座の講師をつとめる。また、文芸評論集『村上一郎私考』（白地社）『感受性の冒険者◎北方透』（風林堂）や詩集『鬼がいる』（あんかるわ叢書）『北方志向』（白地社）などの著書がある。

有機野菜の育て方100選

著　　者　高堂 敏治
発 行 者　櫻井 英一
発 行 所　株式会社 滋慶出版 ／ つちや書店
〒100-0014　東京都千代田区永田町2-4-11
TEL 03-6205-7865　FAX 03-3593-2088
E-mail　shop@tuchiyago.co.jp

印刷・製本　株式会社暁印刷